图灵程序设计丛书

WRITING AN
INTERPRETER
IN GO

用Go语言自制解释器

[德] 索斯藤·鲍尔（Thorsten Ball） 著
孙波翔 译

人民邮电出版社
北京

图书在版编目（CIP）数据

用Go语言自制解释器 /（德）索斯藤·鲍尔
(Thorsten Ball) 著；孙波翔 译. -- 北京 ：人民邮
电出版社，2022.6（2023.5重印）
（图灵程序设计丛书）
ISBN 978-7-115-58828-9

Ⅰ．①用… Ⅱ．①索… ②孙… Ⅲ．①程序语言－程序设计 Ⅳ．①TP312

中国版本图书馆CIP数据核字(2022)第040258号

内 容 提 要

在程序员与计算机的"交流"过程中，解释器无疑扮演着优秀的翻译角色。它为只懂0和1的计算机翻译源代码，为看似随机的字符赋予含义。这是如何实现的呢？充满好奇心的你，是否曾经思考过这个问题？跟随本书，你将揭开解释器的神秘面纱，通晓它的工作原理，并编写出自己的解释器。本书采用 Go 语言来为自创的编程语言 Monkey 实现解释器。你将为 Monkey 语言实现类 C 语法、变量绑定、基本数据类型、算术运算、内置函数、闭包等特性，并了解什么是词法分析器、语法分析器和抽象语法树。

本书适合 Go 语言学习者以及想深入理解程序设计语言编译原理的读者。

◆ 著　　[德] 索斯藤·鲍尔（Thorsten Ball）
　 译　　孙波翔
　 责任编辑　谢婷婷
　 责任印制　彭志环

◆ 人民邮电出版社出版发行　北京市丰台区成寿寺路 11 号
　 邮编 100164　电子邮件 315@ptpress.com.cn
　 网址 https://www.ptpress.com.cn
　 固安县铭成印刷有限公司印刷

◆ 开本：720×960　1/16
　 印张：18　　　　　　　　2022年6月第1版
　 字数：363千字　　　　　2023年5月河北第2次印刷
　 著作权合同登记号　图字：01-2020-7634号

定价：99.80元
读者服务热线：(010)84084456-6009　印装质量热线：(010)81055316
反盗版热线：(010)81055315
广告经营许可证：京东市监广登字 20170147 号

版 权 声 明

Authorized translation from the English language edition, entitled *Writing an Interpreter in Go* by Thorsten Ball, Copyright © 2018.

All rights reserved. No part of this book may be reproduced or transmitted in any form or by any means, electronic or mechanical, including photocopying, recording or by any information storage or retrieval system, without permission from the author.

CHINESE language edition published by Posts and Telecom Press Co., Ltd, Copyright © 2022.

本书中文简体字版由索斯藤·鲍尔授权人民邮电出版社有限公司独家出版，2022。未经出版者书面许可，不得以任何方式复制或抄袭本书内容。

版权所有，侵权必究。

致　　谢

我想借此机会感谢我的妻子对我的支持。正是因为她，你才能够读到本书。如果没有她的鼓励、信任、帮助，以及在早上 6 点忍受我敲击键盘的声音，那么本书就不会诞生。

另外，感谢我的朋友 Christian、Felix 和 Robin 审阅本书的初稿，并给予我宝贵的反馈、建议和鼓励。他们对本书提供了非常大的帮助。

前　　言

前言的第一句话原先是"解释器非常神奇",但一位不愿透露姓名的审稿人说,这样写太蠢了。好吧,Christian,我不同意这种说法。我仍然认为解释器很神奇。让我来解释一下。

从表面上看,解释器很简单:输入文本,然后得到一些输出。也就是说,解释器是将其他程序作为输入来生成一些内容的程序。这看上去很简单,但你越深入思考,就越会发现它让人着迷。给解释器提供字母、数字和特殊字符等看似随机的内容,输出后这些内容突然就变得**有意义**了。这是因为解释器解读了这些内容,它让无意义的内容变得有意义。计算机是只能明白 0 和 1 的机器,现在却能理解我们提供的奇怪语言并进行反馈。这归功于解释器,它读取语言并同步翻译给计算机。

我一直在问自己:**解释器是如何工作的?** 当脑海中第一次冒出这个问题时,我就知道,只有自己写一个解释器,才能从中得到令自己满意的答案。于是我就这么做了。

现在有许多书、文章、博客和教程介绍解释器。这些资料大体可分为两类:一类是极其重视理论的大部头,这类资料更适合那些对这方面已经有了深刻理解的人;另一类则篇幅很短,蜻蜓点水般介绍解释器,重点介绍使用像黑盒一样的外部工具,来实现一些只能作为示例的解释器。

在学习中,挫折感主要来自第二类资料,因为其中介绍的解释器只能解释语法极其简单的语言。而我并不想走捷径,我真的很想明白解释器的工作原理,包括理解其中的语法分析器和词法分析器。特别是,我想知道类 C 语言以及其中的大括号和分号是怎么解析的。学术类的教科书中有我想知道的答案,但其中冗长的理论解释和晦涩的数学公式对我来说还是困难了一点。

一边是教科书,用 900 页的篇幅介绍编译器;一边是博客,用 50 行 Ruby 代码编写了一个 Lisp 解释器,而我想要的是介于两者之间的东西。

所以我为大家编写了这本我理想中的书。本书适用于那些希望对底层知识有所了解，即想了解事物运作机制的人。

本书将从零开始，为一门新语言编写一个解释器，其中不会用到任何第三方的工具和库。最后实现的解释器无法用于生产环境，其性能并不等同于完全成熟的解释器，所实现的语言也会缺少某些特性，但我们能从其中学到许多知识。

由于解释器种类繁多且各不相同，因此很难为解释器给出明确的定义。但至少有一个功能是所有解释器都有的，那就是将源代码作为输入并求值，中途不会生成任何可见且之后还能再次运行的中间结果。编译器就不同，它会将源代码转换成底层系统可以理解的另一种语言。

有些解释器很精简，甚至不包括解析步骤，只是单纯地解释输入。

除此之外，也有精心设计的解释器。有些解释器进行了高层次优化，使用了高级解析和求值技术。有些则不会直接求值，而是将输入编译成称为字节码的内部形式，之后再求值。还有更高级的 JIT 解释器，它会将需要执行的输入即时转换成机器代码。

有些解释器则介于上述两类之间，这类解释器会解析源代码，构建抽象语法树（AST），然后对这棵树求值。这类解释器称为树遍历（tree-walking）解释器，因为其工作方式是在 AST 上遍历并解释。

本书将构建这样一个树遍历解释器。

我们将构建自己的词法分析器、语法分析器、树表示形式和求值器（evaluator），其中涉及词法单元（token）、抽象语法树、如何构建抽象语法树、如何求值，以及如何使用新的数据结构和内置函数扩展所用的编程语言。

Monkey 编程语言和解释器

每个解释器都用来解释一种特定的编程语言，这就是实现一门编程语言的方式。没有对应的编译器或解释器，一门编程语言只不过是一个想法或一种规范。

我们将要解析和求值的语言叫 Monkey。这是专为本书设计的语言，其唯一实现就是本书中构建的解释器。

Monkey 具有以下特性：

- 类 C 语法
- 变量绑定
- 整型和布尔型
- 算术表达式
- 内置函数
- 头等函数和高阶函数
- 闭包
- 字符串数据结构
- 数组数据结构
- 哈希数据结构

本书剩余部分会详细研究并实现这些特性。现在先来看看 Monkey 长什么样。

在 Monkey 中绑定值和名称的方法如下：

```
let age = 1;
let name = "Monkey";
let result = 10 * (20 / 2);
```

除了整型、布尔型和字符串，Monkey 解释器还支持数组和哈希表。下面展示如何将一个整型数组绑定到一个名称上：

```
let myArray = [1, 2, 3, 4, 5];
```

下面是一个哈希表，其中的值和键进行了关联：

```
let thorsten = {"name": "Thorsten", "age": 28};
```

下面使用索引表达式访问数组和哈希表中的元素：

```
myArray[0]        // => 1
thorsten["name"]  // => "Thorsten"
```

let 语句还可以用来绑定函数和名称。下面是将两个数字相加的一个函数：

```
let add = fn(a, b) { return a + b; };
```

Monkey 不仅支持 return 语句，还支持隐式返回值，这意味着可以省略 return：

```
let add = fn(a, b) { a + b; };
```

调用函数很简单：

```
add(1, 2);
```

下面是一个复杂一点的函数 fibonacci，它会返回斐波那契数列的第 n 项：

```
let fibonacci = fn(x) {
  if (x == 0) {
    0
  } else {
    if (x == 1) {
      1
    } else {
      fibonacci(x - 1) + fibonacci(x - 2);
    }
  }
};
```

注意，`fibonacci`函数在递归中调用了自身。

Monkey还支持一类特殊的函数，即高阶函数。这类函数以其他函数为参数，如下所示：

```
let twice = fn(f, x) {
  return f(f(x));
};

let addTwo = fn(x) {
  return x + 2;
};

twice(addTwo, 2); // => 6
```

这里的`twice`接受了两个参数：函数`addTwo`和整数2。这段代码调用了`addTwo`两次，第一次以2为参数，第二次以第一次的返回值为参数。最后一行代码返回结果6。

是的，我们可以在函数调用中将函数作为参数。Monkey中的函数只是值，与整数或字符串一样。具有这个特性的函数称为"头等函数"（first-class function）。

本书构建的解释器将实现所有这些特性。解释器会在REPL中对Monkey源代码进行词法分析和语法分析，将代码构建成称为抽象语法树的中间表示，然后对该树求值。解释器包含以下几个主要部分：

- 词法分析器
- 语法分析器
- 抽象语法树（AST）
- 内部对象系统
- 求值器

我们将完全按照此顺序自上而下构建这几部分，即从源代码到输出的顺序。这种方法的缺点是在第1章还无法生成简单的Hello World，但好处是更容易理解各部分如何协同工作以及数据如何在程序内部流动。

至于为什么名字叫 Monkey？好吧，因为猴子是美妙、优雅、迷人且有趣的动物，就像我们的解释器一样。

另外，书名是什么意思呢？

为什么用 Go 语言

读者应该已经注意到本书的书名和其中的 "用 Go 语言" 了。是的，我们将用 Go 语言自制解释器。为什么用 Go？

我喜欢用 Go 编写代码。我喜欢使用这门语言、其标准库及其提供的工具。除此之外，我还认为 Go 具有的一些属性使其非常适合本书。

Go 很容易阅读和理解。即使对于 Go 初学者，本书中的 Go 代码也浅显易懂。我相信哪怕读者从未写过一行 Go 代码，也可以跟着本书学习。

另一个原因是 Go 提供了出色的工具。本书的重点是编写解释器，包括理解其背后的思想和概念并完成其实现。借助 gofmt 带来的 Go 通用格式样式以及内置的测试框架，我们可以专注于解释器本身，而不必分心于第三方库、工具和依赖。除了 Go 语言提供的工具以外，本书不会使用任何其他工具。

更重要的一个原因是，本书中展现出了 Go 的代码风格与其他更底层的语言（C、C++和 Rust）非常相似。这或许是 Go 本身的原因，Go 侧重于简单和朴素的美感，与上述语言之间没有什么难以转换的编程语言结构；抑或是本书中我编写 Go 所使用的风格与这些语言相似。总之，书中的 Go 代码不会取巧地使用任何元编程技巧，这些复杂的技巧会让代码在一段时间后就难以理解。书中也没有用冗长的篇幅来解释面向对象的设计和模式，最后还来一句 "看，这很简单"。

所有这些因素使得本书的代码在概念和技术上都易于理解，并且可以复用。读者在阅读完本书后，可以很轻松地用另一种语言编写自己的解释器。本书旨在给读者理解和构造解释器提供一个起点，相信书中的代码也体现出了这个初衷。

如何使用本书

本书既不是参考书，也不是描述解释器实现概念并在附录中附加代码的理论读物。本书需要按顺序阅读，我建议读者从头到尾，一边阅读，一边敲出书中的代码并调试。

每章的代码和内容都以其之前的章节为基础。每一章都会构建解释器的一部分，一点一点积累，直至完成。为了使后续操作更容易，本书附带了一个名为 code 的文件夹，其中包含代码。可以在此处下载：

https://interpreterbook.com/waiig_code_1.7.zip

code 文件夹有多个子文件夹，每个子文件夹对应一章的内容，且含有对应章节的最终结果。

有时我只会在书中提及完整代码中的某些内容，不会完整列出相关代码，因为完整的代码会占用太多篇幅，其中有些只是测试文件或不重要的细节。读者可以在对应章节的文件夹中找到完整的代码。

跟随书中示例进行操作需要哪些工具？并不多：一个文本编辑器和 Go 语言。Go 版本高于 1.0 应该都可以，但事先声明：本书最初编写时使用的是 Go 1.7，而本书的最新版使用的是 Go 1.14。

如果读者使用 Go >= 1.13，则 code 文件夹中的代码应该是"开箱即用"的。

如果使用的是不支持 Go 模块的旧版本 Go，那么建议使用 direnv 工具，它可以根据.envrc 文件修改 shell 环境。本书随附的 code 文件夹中的每个子文件夹都有一个.envrc 文件，该文件可为该子文件夹正确设置 GOPATH。这样就可以轻松地使用不同章节的代码了。

有了这些准备之后，让我们开始吧！

电子书

扫描如下二维码，即可购买本书中文版电子书。

目 录

第 1 章 词法分析 ······················· 1
  1.1 词法分析 ························· 1
  1.2 定义词法单元 ····················· 2
  1.3 词法分析器 ······················· 4
  1.4 扩展词法单元和词法分析器 ······· 14
  1.5 编写 REPL ······················· 20

第 2 章 语法分析 ······················· 23
  2.1 语法分析器 ······················· 23
  2.2 为什么不用语法分析器生成器 ···· 26
  2.3 为 Monkey 语言编写语法分析器 ···· 27
  2.4 语法分析器的第一步：解析
       let 语句 ·························· 28
  2.5 解析 return 语句 ················· 42
  2.6 解析表达式 ······················· 44
     2.6.1 Monkey 中的表达式 ········ 45
     2.6.2 自上而下的运算符优先
          级分析（也称普拉特解
          析法）···················· 46
     2.6.3 术语 ······················ 47
     2.6.4 准备 AST ················· 48
     2.6.5 实现普拉特语法分析器 ··· 52
     2.6.6 标识符 ···················· 53
     2.6.7 整数字面量 ··············· 57

     2.6.8 前缀运算符 ··············· 60
     2.6.9 中缀运算符 ··············· 65
  2.7 普拉特解析的工作方式 ············ 72
  2.8 扩展语法分析器 ··················· 81
     2.8.1 布尔字面量 ··············· 83
     2.8.2 分组表达式 ··············· 87
     2.8.3 if 表达式 ················· 88
     2.8.4 函数字面量 ··············· 94
     2.8.5 调用表达式 ··············· 100
     2.8.6 删除 TODO ··············· 105
  2.9 RPPL ···························· 107

第 3 章 求值 ··························· 110
  3.1 为符号赋予含义 ·················· 110
  3.2 求值策略 ························· 111
  3.3 树遍历解释器 ···················· 113
  3.4 表示对象 ························· 114
     3.4.1 对象系统的基础 ·········· 116
     3.4.2 整数 ······················ 116
     3.4.3 布尔值 ···················· 117
     3.4.4 空值 ······················ 118
  3.5 求值表达式 ······················· 118
     3.5.1 整数字面量 ··············· 119
     3.5.2 完成 REPL ··············· 122

3.5.3　布尔字面量……………123
　　3.5.4　空值…………………125
　　3.5.5　前缀表达式……………126
　　3.5.6　中缀表达式……………129
3.6　条件语句……………………135
3.7　return 语句…………………139
3.8　错误处理……………………143
3.9　绑定与环境…………………149
3.10　函数和函数调用……………154
3.11　如何处理垃圾………………165

第 4 章　扩展解释器……………168
4.1　数据类型和函数……………168
4.2　字符串………………………168
　　4.2.1　在词法分析器中支持
　　　　　字符串………………169
　　4.2.2　字符串语法分析………172
　　4.2.3　字符串求值……………173
　　4.2.4　字符串连接……………175
4.3　内置函数……………………177
4.4　数组…………………………182
　　4.4.1　在词法分析器中支持
　　　　　数组…………………183
　　4.4.2　数组字面量语法分析…185
　　4.4.3　索引运算符表达式语法
　　　　　分析…………………188
　　4.4.4　数组字面量求值………192

　　4.4.5　索引运算符表达式求值…194
　　4.4.6　为数组添加内置函数……197
　　4.4.7　测试驱动数组……………201
4.5　哈希表………………………202
　　4.5.1　哈希字面量词法分析……203
　　4.5.2　哈希字面量语法分析……205
　　4.5.3　哈希对象…………………210
　　4.5.4　哈希字面量求值…………215
　　4.5.5　哈希索引表达式求值……218
4.6　大结局………………………222

第 5 章　遗失的篇章：Monkey 的
　　　　　宏系统…………………224
5.1　宏系统………………………224
5.2　Monkey 的宏系统……………227
5.3　quote…………………………229
5.4　unquote………………………233
　　5.4.1　遍历树……………………235
　　5.4.2　替换 unquote 调用………248
5.5　宏扩展………………………256
　　5.5.1　macro 关键字……………257
　　5.5.2　宏字面量语法分析………259
　　5.5.3　定义宏……………………262
　　5.5.4　展开宏……………………267
　　5.5.5　强大的 unless 宏…………271
5.6　扩展 REPL……………………273
5.7　关于宏的一些畅想……………274

第 1 章
词法分析

1.1 词法分析

为了跟源代码打交道，我们需要将其转换为更易访问的形式。在编辑器中，源代码就像纯文本那样易于处理。但是如果在一门编程语言中将字符形式的源代码作为另一门编程语言来解释，就没那么简单了。

为了解释源代码，需要将其转换成其他**易于处理**的形式。具体来说，在最终对代码求值之前，需要两次转换源代码的表示形式，如图 1-1 所示。

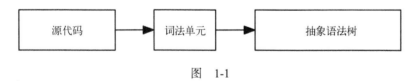

图　1-1

第一次是用词法分析器将源代码转换为词法单元，这个过程称为**词法分析**。词法分析器有时也称**词法单元生成器**（tokenizer）或**扫描器**（scanner）。有些资料用这些术语表示在行为上有细微差别的程序，但它们在本书中都是一个意思。

词法单元本身是短小、易于分类的数据结构。它会被传给语法分析器。在第二次转换中，语法分析器会将词法单元转换成抽象语法树。

来看一个例子。这是给词法分析器的输入：

```
"let x = 5 + 5;"
```

其生成的结果如下所示：

```
[
  LET,
  IDENTIFIER("x"),
```

```
    EQUAL_SIGN,
    INTEGER(5),
    PLUS_SIGN,
    INTEGER(5),
    SEMICOLON
]
```

所有这些词法单元都附带了对应的源代码表示形式。LET 附带的是 let；PLUS_SIGN 附带的是+，以此类推。上例中的 IDENTIFIER 和 INTEGER 也附带了具体值：INTEGER 附带的是数值 5（不是字符串"5"）；IDENTIFIER 附带的是字符串"x"。不同词法分析器实现所生成的词法单元会有所区别。例如，某些词法分析器在解析阶段或更靠后的阶段才会将字符串"5"转换为整数，而有些是在构造词法单元的时候就转换。

这个例子中有一点需要注意，那就是空白字符不会被识别成词法单元。这完全没问题，因为在 Monkey 语言中，空白的长度对代码含义没有影响，仅用于充当其他词法单元的分隔符。来看下面的代码：

```
let x = 5;
```

以下代码的含义与上面的相同：

```
let   x   =   5;
```

在 Python 等其他语言中，空白的长度会影响代码含义。这意味着此时词法分析器不能直接跳过空白字符和换行符，而必须将其输出为词法单元。之后语法分析器会处理这些词法单元，要么赋予特定的含义，要么在空白字符数量不合要求的时候报错。

具有完整功能的词法分析器还可以将行号、列号和文件名附加到词法单元中。这么做是为了在后面的语法分析阶段输出更有用的报错消息。例如，相比于"error: expected semicolon token"，下面这条报错消息更详细：

```
"error: expected semicolon token. line 42, column 23, program.monkey"
```

不过本书不会在这方面花费精力，不是因为添加这些信息很麻烦，而是因为这会让词法单元和词法分析器变得更加复杂，增加理解难度。

1.2 定义词法单元

首先要做的是定义词法分析器输出的词法单元。这里先定义少量的词法单元，之后在扩展词法分析器时再添加更多的定义。

第一次要解析的 Monkey 语言代码如下所示：

```
let five = 5;
let ten = 10;

let add = fn(x, y) {
  x + y;
};

let result = add(five, ten);
```

来详细看看，这个例子中包含哪些类型的词法单元。首先，有 5 和 10 这样的数字，这很明显；之后是 x、y、add 和 result 这样的变量名。最后 Monkey 语言中还有一些单词，它们既不是数字也不是变量名，例如 let 和 fn。当然，还有很多特殊字符，如(、)、{、}、=、,、;。

这些数字都是整数，将按字面量处理，并赋予其一个单独的类型。在词法分析器或语法分析器中，数字的值是 5 还是 10 并不重要，只要知道它是一个数字就行。变量名也是如此，都统一用作标识符。除此之外还有一些单词，看起来像标识符但实际上不是，这些称为关键字，也是 Monkey 语言的一部分。后面在语法分析阶段遇到 let 或 fn 这样的关键字时，都会特殊处理，所以它们不能与标识符归为一类。最后的特殊字符也会单独列出来，其中每个特殊字符都会有相应的处理方式，例如在源代码中，括号会对代码的含义产生很大影响。

基于这些分析，现在来定义 Token 数据结构。它需要哪些字段呢？正如刚刚看到的，肯定需要一个类型属性，这样就可以区分"整数"和"右括号"这样不同的词法单元。然后还需要一个字段用于保存词法单元的字面量，以便后续步骤复用，比如对于表示数字的词法单元，这个字段能记录 5 或 10 这样的信息。

新建一个 token 包，以便定义 Token 结构和 TokenType 类型：

```
// token/token.go

package token

type TokenType string

type Token struct {
    Type    TokenType
    Literal string
}
```

TokenType 类型定义成了字符串，这样我们就可以使用各种 TokenType 值，而根据 TokenType 值能区分不同类型的词法单元。使用字符串对调试也有帮助，会让调试更容易，而无须再使用许多样板和辅助函数，只需打印一个字符串即可。当然，与使用 int 或 byte 类型相比，使用字符串会导致程序在性能上有损失。但对于本书而言，使用字符串完全没有问题。

从刚刚的分析中可以看到，Monkey 语言中的词法单元类型并不多。这意味着可以将所有的 TokenType 都定义为常量，所以在上面的代码中可以再添加以下内容：

```
// token/token.go

const (
    ILLEGAL = "ILLEGAL"
    EOF     = "EOF"

    // 标识符+字面量
    IDENT = "IDENT" // add, foobar, x, y, ...
    INT   = "INT"   // 1343456

    // 运算符
    ASSIGN = "="
    PLUS   = "+"

    // 分隔符
    COMMA     = ","
    SEMICOLON = ";"

    LPAREN = "("
    RPAREN = ")"
    LBRACE = "{"
    RBRACE = "}"

    // 关键字
    FUNCTION = "FUNCTION"
    LET      = "LET"
)
```

如你所见，上面的代码中还出现了 ILLEGAL 和 EOF 这两种特殊类型。这两种类型在之前的示例中并没有遇到，却是必不可少的。ILLEGAL 表示遇到未知的词法单元或字符，EOF 则表示文件结尾（End Of File），用于通知后续章节会介绍的语法分析器停机。

目前一切顺利，下面准备开始编写词法分析器。

1.3 词法分析器

在开始编写代码之前，先了解本节的目标。在本节中，我们将编写词法分析器。词法分析器将源代码作为输入，并输出对应的词法单元。词法分析器会遍历输入的字符，然后逐个输出识别出的词法单元。这个过程既无须用到缓冲区，也无须保存词法单元,只会用到一个名为 NextToken( ) 的方法来输出下一个词法单元。

也就是说,词法分析器在接收源代码之后,会在其中重复调用 NextToken( ),逐个字符遍历源代码来生成词法单元。这里的源代码还是使用**字符串**,因此可以省去不少处理工作。再次提醒,在生产环境中,应该将文件名和行号附加到词法单元中,以便更好地跟踪可能出现的词法分析错误和语法分析错误。在这种情况下,最好使用 io.Reader 加上文件名来初始化词法分析器。但因为这样做会增加复杂性,所以这里从简单处着手,仅使用字符串作为输入,忽略文件名和行号。

经过这些分析,现在词法分析器的任务就很清楚了。接下来创建一个新语言包并添加第一个测试。测试可以重复运行,以获取词法分析器当前的工作状态信息。这里依然从简单处着手,后面随着词法分析器功能的完善,测试用例也会随之扩展:

```go
// lexer/lexer_test.go

package lexer

import (
    "testing"

    "monkey/token"
)

func TestNextToken(t *testing.T) {
    input := `=+(){},;`

    tests := []struct {
        expectedType    token.TokenType
        expectedLiteral string
    }{
        {token.ASSIGN, "="},
        {token.PLUS, "+"},
        {token.LPAREN, "("},
        {token.RPAREN, ")"},
        {token.LBRACE, "{"},
        {token.RBRACE, "}"},
        {token.COMMA, ","},
        {token.SEMICOLON, ";"},
        {token.EOF, ""},
    }

    l := New(input)

    for i, tt := range tests {
        tok := l.NextToken()

        if tok.Type != tt.expectedType {
            t.Fatalf("tests[%d] - tokentype wrong. expected=%q, got=%q",
```

```
            i, tt.expectedType, tok.Type)
    }

    if tok.Literal != tt.expectedLiteral {
        t.Fatalf("tests[%d] - literal wrong. expected=%q, got=%q",
            i, tt.expectedLiteral, tok.Literal)
    }
  }
}
```

现在的测试肯定会失败,因为尚未编写任何实际代码:

```
$ go test ./lexer
# monkey/lexer
lexer/lexer_test.go:27: undefined: New
FAIL    monkey/lexer [build failed]
```

首先,定义 New( )函数,用来返回*Lexer。

```
// lexer/lexer.go
package lexer

type Lexer struct {
    input        string
    position     int  // 所输入字符串中的当前位置(指向当前字符)
    readPosition int  // 所输入字符串中的当前读取位置(指向当前字符之后的一个字符)
    ch           byte // 当前正在查看的字符
}

func New(input string) *Lexer {
    l := &Lexer{input: input}
    return l
}
```

Lexer 中的大多数字段很容易理解,但 position 和 readPosition 的含义可能让人困惑。两者都可以用作索引来访问 input 中的字符,例如 l.input[l.readPosition]。这里之所以用两个"指针"来指向所输入的字符串,是因为词法分析器除了查看当前字符,还需要进一步"查看"字符串,即查看字符串中的下一个字符。readPosition 始终指向所输入字符串中的"下一个"字符,position 则指向所输入字符串中与 ch 字节对应的字符。

第一个辅助方法是 readChar( ),读懂这个方法就能理解这些字段了:

```
// lexer/lexer.go

func (l *Lexer) readChar() {
    if l.readPosition >= len(l.input) {
        l.ch = 0
    } else {
```

```
        l.ch = l.input[l.readPosition]
    }
    l.position = l.readPosition
    l.readPosition += 1
}
```

readChar 的目的是读取 input 中的下一个字符,并前移其在 input 中的位置。这个过程的第一件事就是检查是否已经到达 input 的末尾。如果是,则将 l.ch 设置为 0,这是 NUL 字符的 ASCII 编码,用来表示"尚未读取任何内容"或"文件结尾"。如果还没有到达 input 的末尾,则将 l.ch 设置为下一个字符,即 l.input[l.readPosition] 指向的字符。

之后,将 l.position 更新为刚用过的 l.readPosition,然后将 l.readPosition 加 1。这样一来,l.readPosition 就始终指向下一个将读取的字符位置,而 l.position 始终指向刚刚读取的位置。这个特性很快就会派上用场。

在谈到 readChar 时,值得指出的是,该词法分析器仅支持 ASCII 字符,不能支持所有的 Unicode 字符。这么做也是为了让事情保持简单,让我们能够专注于解释器的基础部分。如果要完全支持 Unicode 和 UTF-8,就要将 l.ch 的类型从 byte 改为 rune,同时还要修改读取下一个字符的方式。因为字符此时可能为多字节,所以 l.input[l.readPosition] 将无法工作。除此之外,还需要修改其他一些后面会介绍的方法和函数。这里将在 Monkey 中全面支持 Unicode 和表情符号作为练习留给读者来实现。

在 New( )函数中使用 readChar,初始化 l.ch、l.position 和 l.readPosition,以便在调用 NextToken( )之前让*Lexer 完全就绪:

```
// lexer/lexer.go

func New(input string) *Lexer {
    l := &Lexer{input: input}
    l.readChar()
    return l
}
```

此时运行测试会发现,调用 New(input)后一切正常,但现在还缺少 NextToken( )方法。下面就通过添加第一版的 NextToken( )来解决这个问题:

```
// lexer/lexer.go

package lexer

import "monkey/token"
```

```go
func (l *Lexer) NextToken() token.Token {
    var tok token.Token

    switch l.ch {
    case '=':
        tok = newToken(token.ASSIGN, l.ch)
    case ';':
        tok = newToken(token.SEMICOLON, l.ch)
    case '(':
        tok = newToken(token.LPAREN, l.ch)
    case ')':
        tok = newToken(token.RPAREN, l.ch)
    case ',':
        tok = newToken(token.COMMA, l.ch)
    case '+':
        tok = newToken(token.PLUS, l.ch)
    case '{':
        tok = newToken(token.LBRACE, l.ch)
    case '}':
        tok = newToken(token.RBRACE, l.ch)
    case 0:
        tok.Literal = ""
        tok.Type = token.EOF
    }

    l.readChar()
    return tok
}

func newToken(tokenType token.TokenType, ch byte) token.Token {
    return token.Token{Type: tokenType, Literal: string(ch)}
}
```

这就是 NextToken( )方法的基本结构。它首先检查了当前正在查看的字符 l.ch，根据具体的字符来返回对应的词法单元。在返回词法单元之前，位于所输入字符串中的指针会前移，所以之后再次调用 NextToken( )时，l.ch 字段就已经更新过了。最后，名为 newToken 的小型函数可以帮助初始化这些词法单元。

运行测试，可以看到测试通过：

```
$ go test ./lexer
ok      monkey/lexer 0.007s
```

很好！现在来扩展测试用例，让其开始处理 Monkey 源代码：

```
// lexer/lexer_test.go

func TestNextToken(t *testing.T) {
    input :=`let five = 5;
let ten = 10;
```

```
let add = fn(x, y) {
    x + y;
};

let result = add(five, ten);
`
        tests := []struct {
            expectedType    token.TokenType
            expectedLiteral string
        }{
            {token.LET, "let"},
            {token.IDENT, "five"},
            {token.ASSIGN, "="},
            {token.INT, "5"},
            {token.SEMICOLON, ";"},
            {token.LET, "let"},
            {token.IDENT, "ten"},
            {token.ASSIGN, "="},
            {token.INT, "10"},
            {token.SEMICOLON, ";"},
            {token.LET, "let"},
            {token.IDENT, "add"},
            {token.ASSIGN, "="},
            {token.FUNCTION, "fn"},
            {token.LPAREN, "("},
            {token.IDENT, "x"},
            {token.COMMA, ","},
            {token.IDENT, "y"},
            {token.RPAREN, ")"},
            {token.LBRACE, "{"},
            {token.IDENT, "x"},
            {token.PLUS, "+"},
            {token.IDENT, "y"},
            {token.SEMICOLON, ";"},
            {token.RBRACE, "}"},
            {token.SEMICOLON, ";"},
            {token.LET, "let"},
            {token.IDENT, "result"},
            {token.ASSIGN, "="},
            {token.IDENT, "add"},
            {token.LPAREN, "("},
            {token.IDENT, "five"},
            {token.COMMA, ","},
            {token.IDENT, "ten"},
            {token.RPAREN, ")"},
            {token.SEMICOLON, ";"},
            {token.EOF, ""},
        }
// [...]
}
```

注意，现在测试用例中的 input 发生了变化，看起来像是 Monkey 语言的子集。它不仅包含所有已经能成功转换成词法单元的符号，还有一些新内容，如标识符、关键字和数字。这些新内容会导致测试失败。

先处理标识符和关键字。对于这两者，词法分析器需要识别当前字符是否为字母。如果是，则还需要读取标识符/关键字的剩余部分，直到遇见非字母字符为止。读取完该标识符/关键字之后，还需要判断它到底是标识符还是关键字，以便使用正确的 token.TokenType。因此第一步是扩展 switch 语句：

```
// lexer/lexer.go

import "monkey/token"

func (l *Lexer) NextToken() token.Token {
    var tok token.Token

    switch l.ch {
// [...]
    default:
        if isLetter(l.ch) {
            tok.Literal = l.readIdentifier()
            return tok
        } else {
            tok = newToken(token.ILLEGAL, l.ch)
        }
    }
// [...]
}

func (l *Lexer) readIdentifier() string {
    position := l.position
    for isLetter(l.ch) {
        l.readChar()
    }
    return l.input[position:l.position]
}

func isLetter(ch byte) bool {
    return 'a' <= ch && ch <= 'z' || 'A' <= ch && ch <= 'Z' || ch == '_'
}
```

这里的 switch 语句中添加了一个 default 分支，因此只要 l.ch 不是前面可识别的字符，就可以检查是不是标识符了。这里还添加了用于生成 token.ILLEGAL 词法单元的代码。如果代码走到此处，就将不知道如何处理的字符声明成类型为 token.ILLEGAL 的词法单元。

isLetter 辅助函数用来判断给定的参数是否为字母。值得注意的是，这个函数虽然看起来简短，但意义重大，其决定了解释器所能处理的语言形式。比如示例中包含 ch =='_'，这意味着下划线_会被视为字母，允许在标识符和关键字中使用。因此可以使用诸如 foo_bar 之类的变量名。其他编程语言甚至允许在标识符中使用问号和感叹号。如果读者也想这么做，那么可以修改这个 isLetter 函数。

readIdentifier()函数顾名思义，就是读入一个标识符并前移词法分析器的扫描位置，直到遇见非字母字符。

在 switch 语句的 default 分支中，使用 readIdentifier()设置了当前词法单元的 Literal 字段，但 Type 还没有处理。现在 let、fn 或 foobar 之类的标识符已经被读取，还需要将语言的关键字和用户定义标识符区分开来，因此需要一个函数来为现有的词法单元字面量返回正确的 TokenType。添加这个函数最合适的地方是在 token 包中。

```go
// token/token.go

var keywords = map[string]TokenType{
    "fn": FUNCTION,
    "let": LET,
}

func LookupIdent(ident string) TokenType {
    if tok, ok := keywords[ident]; ok {
        return tok
    }
    return IDENT
}
```

LookupIdent 通过检查关键字表来判断给定的标识符是否是关键字。如果是，则返回关键字的 TokenType 常量。如果不是，则返回 token.IDENT，这个 TokenType 表示当前是用户定义的标识符。

有了这些，现在就可以完成标识符和关键字的词法分析了：

```go
// lexer/lexer.go

func (l *Lexer) NextToken() token.Token {
    var tok token.Token

    switch l.ch {
// [...]
    default:
        if isLetter(l.ch) {
            tok.Literal = l.readIdentifier()
            tok.Type = token.LookupIdent(tok.Literal)
```

```
            return tok
        } else {
            tok = newToken(token.ILLEGAL, l.ch)
        }
    }
// [...]
}
```

这里需要用 return tok 语句提前退出，因为在调用 readIdentifier()时会重复调用 readChar()，并将 readPosition 和 position 字段前移到当前标识符的最后一个字符之后，所以无须在后续的 switch 语句中再次调用 readChar()。

现在运行测试，可以看到 let 被正确识别了，但是测试仍然失败：

```
$ go test ./lexer
--- FAIL: TestNextToken (0.00s)
  lexer_test.go:70: tests[1] - tokentype wrong. expected="IDENT", got="ILLEGAL"
FAIL
FAIL    monkey/lexer 0.008s
```

问题出在下一个词法单元上：原本预期是 IDENT 词法单元，其 Literal 字段中是 five，而这里得到的是 ILLEGAL 词法单元。出现这种情况是因为 let 和 five 之间有空白字符。在 Monkey 语言中，空白字符仅用作词法单元的分隔符，没有任何意义，因此需要添加代码直接跳过空白：

```
// lexer/lexer.go

func (l *Lexer) NextToken() token.Token {
    var tok token.Token

    l.skipWhitespace()

    switch l.ch {
// [...]
}

func (l *Lexer) skipWhitespace() {
    for l.ch == ' ' || l.ch == '\t' || l.ch == '\n' || l.ch == '\r' {
        l.readChar()
    }
}
```

很多分析器中有这个简单的辅助函数，它有时称为 eatWhitespace，有时称为 consumeWhiteSpace，还有时是完全不同的名称。这个函数实际跳过的字符根据具体分析的语言会有所不同。例如在某些语言的实现中，会为换行符创建词法单元，如果它们不在词法单元流中的正确位置，就会抛出解析错误。不过这里没有处理换行符，是为了简化后面的语法分析步骤。

添加了 `skipWhitespace()` 后，词法分析器会停在测试代码中 `let five = 5;` 的 5 这里。是的，词法分析器还不能将数字转换为词法单元。现在来添加这个功能。

就像之前处理标识符那样，现在需要在 `switch` 语句的 `default` 分支中添加更多功能：

```
// lexer/lexer.go

func (l *Lexer) NextToken() token.Token {
    var tok token.Token

    l.skipWhitespace()

    switch l.ch {
// [...]
    default:
        if isLetter(l.ch) {
            tok.Literal = l.readIdentifier()
            tok.Type = token.LookupIdent(tok.Literal)
            return tok
        } else if isDigit(l.ch) {
            tok.Type = token.INT
            tok.Literal = l.readNumber()
            return tok
        } else {
            tok = newToken(token.ILLEGAL, l.ch)
        }
    }
// [...]
}

func (l *Lexer) readNumber() string {
    position := l.position
    for isDigit(l.ch) {
        l.readChar()
    }
    return l.input[position:l.position]
}

func isDigit(ch byte) bool {
    return '0' <= ch && ch <= '9'
}
```

从中可以看到，刚刚添加的代码和上面读取标识符和关键字的代码很像。`readNumber` 方法与 `readIdentifier` 几乎完全相同，除了其中使用的是 `isDigit` 而不是 `isLetter`。当然，也可以创建一个 `characteridentifying` 函数同时处理这两种情况，但为了简洁和易于理解，这里还是分开处理。

isDigit 函数与 isLetter 一样简单，只是判断传入的内容是否为 Latin 字符集中 0 和 9 之间的数字。

添加完成后，测试就能通过了：

```
$ go test ./lexer
ok      monkey/lexer 0.008s
```

你是否注意到，readNumber 中简化了很多处理？它只能读取整数，忽略了浮点数、十六进制数、八进制数，这也意味着 Monkey 语言不支持这些特性。当然，这样做的原因还是出于教学目的，所以限定了介绍内容的范围。

现在可以庆祝了，我们成功地将测试用例中的一段 Monkey 语言代码转换成了词法单元！

有了这次胜利，就能很容易地扩展词法分析器，来解析更多的 Monkey 源代码。

1.4 扩展词法单元和词法分析器

为了避免以后编写语法分析器时需要在多个语言包之间跳转，需要扩展词法分析器，以便识别更多的 Monkey 代码并输出更多的词法单元。因此本节将添加对==、!、!=、-、/、*、<、>和关键字 true、false、if、else 和 return 的支持。

需要添加、构建和输出的新词法单元可以分为以下三种：单字符词法单元（例如-）、双字符词法单元（例如==）和关键字词法单元（例如 return）。前面已经介绍了如何处理单字符和关键字的词法单元，所以现在先添加这两种，之后再为词法分析器添加双字符词法单元。

添加对-、/、*、<和>的支持很简单。当然，与之前一样，第一件事是在 lexer/lexer_test.go 中修改测试用例的输入来添加这些字符。另外还要修改 tests 表，在本章随附的代码中可以找到扩展后的 tests 表。为了节省篇幅且不让读者感到枯燥，本章后续部分不会再列出 tests 表。

```
// lexer/lexer_test.go
func TestNextToken(t *testing.T) {
    input :=`let five = 5;
let ten = 10;

let add = fn(x, y) {
    x + y;
};
```

```
let result = add(five, ten);
!-/*5;
5 < 10 > 5;
`

// [...]
}
```

注意，尽管这个输入看起来像是一段真实的 Monkey 源代码，但是实际上有些代码行并没有意义，比如!-/*5这样的乱码。不过没关系，词法分析器的任务不是检查代码是否有意义、能否运行，或者有没有错误，这些都是后续阶段的任务。词法分析器应该仅用来将输入转换为词法单元。因此，为词法分析器编写的这个测试用例涵盖了所有词法单元，并且还尝试引发词法单元位置的差一错误、文件末尾的边缘情形、换行符处理、多位数字解析等问题。这就是为什么这段用作测试的代码看起来像乱码。

运行该测试会得到许多 undefined：错误，因为测试包含对未定义 TokenType 的引用。为了解决这些问题，需要在 token/token.go 中添加以下常量：

```
// token/token.go

const (
// [...]

    // 运算符
    ASSIGN   = "="
    PLUS     = "+"
    MINUS    = "-"
    BANG     = "!"
    ASTERISK = "*"
    SLASH    = "/"

    LT = "<"
    GT = ">"

// [...]
)
```

添加了新的常量后，测试仍然会失败，因为还没有返回带有预期 TokenType 的词法单元。

```
$ go test ./lexer
--- FAIL: TestNextToken (0.00s)
  lexer_test.go:84: tests[36] - tokentype wrong. expected="!", got="ILLEGAL"
FAIL
FAIL    monkey/lexer 0.007s
```

为了让测试通过，还需要修改 Lexer 中 NextToken( )里面的 switch 语句：

```
// lexer/lexer.go

func (l *Lexer) NextToken() token.Token {
// [...]
    switch l.ch {
    case '=':
        tok = newToken(token.ASSIGN, l.ch)
    case '+':
        tok = newToken(token.PLUS, l.ch)
    case '-':
        tok = newToken(token.MINUS, l.ch)
    case '!':
        tok = newToken(token.BANG, l.ch)
    case '/':
        tok = newToken(token.SLASH, l.ch)
    case '*':
        tok = newToken(token.ASTERISK, l.ch)
    case '<':
        tok = newToken(token.LT, l.ch)
    case '>':
        tok = newToken(token.GT, l.ch)
    case ';':
        tok = newToken(token.SEMICOLON, l.ch)
    case ',':
        tok = newToken(token.COMMA, l.ch)
// [...]
}
```

这里添加了新的词法单元，并且对 switch 语句的各个分支进行了重新排序，以便与 token/token.go 中的常量结构相对应。有了这个小小的修改，测试就能通过了：

```
$ go test ./lexer
ok      monkey/lexer 0.007s
```

成功添加新的单字符词法单元后，下一步来添加新的关键字 true、false、if、else 和 return。

同样，第一步是扩展测试中的输入，添加这些新关键字。下面是 TestNextToken 中 input 现在的内容：

```
// lexer/lexer_test.go

func TestNextToken(t *testing.T) {
    input := `let five = 5;
let ten = 10;

let add = fn(x, y) {
  x + y;
```

```
};

let result = add(five, ten);
!-/*5;
5 < 10 > 5;

if (5 < 10) {
    return true;
} else {
    return false;
}`
// [...]
}
```

由于测试的期望结果中还没有添加对新关键字的引用，因此测试无法编译。为了再次解决这个问题，需要添加新的常量。而对于当前情况，需要将关键字添加到 `LookupIdent( )` 的关键字表中。

```
// token/token.go

const (
// [...]

    // 关键字
    FUNCTION = "FUNCTION"
    LET      = "LET"
    TRUE     = "TRUE"
    FALSE    = "FALSE"
    IF       = "IF"
    ELSE     = "ELSE"
    RETURN   = "RETURN"
)

var keywords = map[string]TokenType{
    "fn":     FUNCTION,
    "let":    LET,
    "true":   TRUE,
    "false":  FALSE,
    "if":     IF,
    "else":   ELSE,
    "return": RETURN,
}
```

结果是，不仅通过修复对未定义变量的引用解决了编译错误，测试也通过了：

```
$ go test ./lexer
ok      monkey/lexer 0.007s
```

词法分析器现在可以识别新的关键字了，所做的修改不大，很容易就能想到并实现。现在可以自夸一下，我们做得很好！

但是在进入第 2 章接触语法分析器之前，还需要进一步扩展词法分析器，以便识别由两个字符组成的词法单元。所要支持的词法单元在源代码中看起来像==和!=这样。

乍一看，读者可能会想：为什么不向 switch 语句中添加新的 case 来达到这个目的呢？由于 switch 语句使用的表达式是单个字符 l.ch，与它相比较的 case 也需要是单个字符，因此编译器不允许使用 case "=="这样的形式，即字节类型的 l.ch 与==之类的字符串不能互相比较。因此不能直接添加类似的新 case 语句。

实际可以做的是，复用并扩展现有的=分支和!分支。因此，所要做的是根据前一步输入中的下一个字符，决定是返回=，还是==的词法单元。再次扩展 lexer/lexer_test.go 中的 input，现在的代码如下：

```go
// lexer/lexer_test.go

func TestNextToken(t *testing.T) {
    input := `let five = 5;
let ten = 10;

let add = fn(x, y) {
  x + y;
};

let result = add(five, ten);
!-/*5;
5 < 10 > 5;

if (5 < 10) {
    return true;
} else {
    return false;
}

10 == 10;
10 != 9;
`

// [...]
}
```

在开始修改 NextToken( )中的 switch 语句之前，需要在 *Lexer 上定义名为 peekChar( )的新辅助方法：

```go
// lexer/lexer.go

func (l *Lexer) peekChar() byte {
    if l.readPosition >= len(l.input) {
        return 0
```

1.4 扩展词法单元和词法分析器

```
    } else {
        return l.input[l.readPosition]
    }
}
```

peekChar()与 readChar()非常类似，但这个函数不会前移 l.position 和 l.readPosition。它的目的只是窥视一下输入中的下一个字符，不会移动位于输入中的指针位置，这样就能知道下一步在调用 readChar()时会返回什么。大多数词法分析器和语法分析器具有这样的"窥视"函数，且大部分情况是用来向前看一个字符的。

在对不同的编程语言进行语法分析时，通常的难点就是必须在源代码中向前或向后多看几个字符才能确定代码的含义。

添加 peekChar()后，测试代码还无法编译。这是由于测试中引用了未定义的词法单元常量。需要再次解决这个问题，这很容易：

```
// token/token.go

const (
// [...]

    EQ     = "=="
    NOT_EQ = "!="

// [...]
)
```

修复了词法分析器测试中对 token.EQ 和 token.NOT_EQ 的引用后，运行该测试会得到一条失败消息：

```
$ go test ./lexer
--- FAIL: TestNextToken (0.00s)
  lexer_test.go:118: tests[66] - tokentype wrong. expected="==", got="="
FAIL
FAIL    monkey/lexer 0.007s
```

现在，当词法分析器在输入中遇到==时，会创建两个 token.ASSIGN 词法单元，而不是一个 token.EQ 词法单元。解决方案是使用新的 peekChar()方法。在 switch 语句的=分支和!分支中，向前多看一个字符。如果下一个词法单元是=，那么就分别创建 token.EQ 词法单元或 token.NOT_EQ 词法单元：

```
// lexer/lexer.go

func (l *Lexer) NextToken() token.Token {
// [...]
    switch l.ch {
    case '=':
```

```
            if l.peekChar() == '=' {
                ch := l.ch
                l.readChar()
                literal := string(ch) + string(l.ch)
                tok = token.Token{Type: token.EQ, Literal: literal}
            } else {
                tok = newToken(token.ASSIGN, l.ch)
            }
// [...]
        case '!':
            if l.peekChar() == '=' {
                ch := l.ch
                l.readChar()
                literal := string(ch) + string(l.ch)
                tok = token.Token{Type: token.NOT_EQ, Literal: literal}
            } else {
                tok = newToken(token.BANG, l.ch)
            }
// [...]
}
```

注意，再次调用 `l.readChar()` 之前，需要将 `l.ch` 保存在局部变量中。这样就不会丢失当前字符，可以安全地前移词法分析器，以使 NextToken() 的 `l.position` 和 `l.readPosition` 保持正确的状态。这两个双字符的处理方式非常相似。如果要在 Monkey 语言中支持更多的双字符词法单元，则应该使用名为 makeTwoCharToken 的方法把处理步骤抽象出来。该方法会在找到某些词法单元时继续前看一个字符。对于 Monkey 来说，目前仅有==和!=这两个双字符词法单元，所以先保持原样。现在再次运行测试以确保其有效：

```
$ go test ./lexer
ok      monkey/lexer 0.006s
```

测试正常通过。我们成功地扩展了词法分析器！现在词法分析器可以生成扩展的词法单元，接下来就能够编写语法分析器了。但在此之前，再做一些额外的工作来为后续章节打好基础。

1.5 编写 REPL

Monkey 语言需要 REPL。REPL 是指 Read-Eval-Print Loop（读取–求值–打印循环），读者可能从其他语言中对此有所了解，Python 有 REPL，Ruby 有，每个 JavaScript 运行时也有，大多数 Lisp 和许多其他语言也有 REPL。有时 REPL 被称为控制台或交互模式，不过概念是相同的。REPL 读取输入，将其发送到解释器进行求值，然后打印解释器的输出，最后重新开始，重复"读取–求值–打印"这个循环。

1.5 编写 REPL

本书目前还没介绍如何对 Monkey 源代码求值,只实现了求值步骤的部分内容,那就是把 Monkey 源代码转换成词法单元。至于读取和打印内容,前面也介绍了,另外实现循环也不会有问题。

下面是一个 REPL,用于将 Monkey 源代码转换成词法单元并将其打印出来。稍后,我们会扩展这个 REPL,添加语法分析和求值功能。

```go
// repl/repl.go

package repl

import (
    "bufio"
    "fmt"
    "io"
    "monkey/lexer"
    "monkey/token"
)

const PROMPT = ">> "

func Start(in io.Reader, out io.Writer) {
    scanner := bufio.NewScanner(in)

    for {
        fmt.Fprintf(out, PROMPT)
        scanned := scanner.Scan()
        if !scanned {
            return
        }

        line := scanner.Text()
        l := lexer.New(line)

        for tok := l.NextToken(); tok.Type != token.EOF; tok = l.NextToken() {
            fmt.Fprintf(out, "%+v\n", tok)
        }
    }
}
```

实现方式很简单,即从输入的源代码中读取,直到读完一行代码,将读取的代码行传递给词法分析器实例,然后输出词法分析器生成的词法单元,直到遇到 EOF。

现在创建一个 main.go 文件(之前一直没有),以便让用户使用并启动 REPL:

```go
// main.go

package main
```

```go
import (
    "fmt"
    "os"
    "os/user"
    "monkey/repl"
)

func main() {
    user, err := user.Current()
    if err != nil {
        panic(err)
    }
    fmt.Printf("Hello %s! This is the Monkey programming language!\n",
        user.Username)
    fmt.Printf("Feel free to type in commands\n")
    repl.Start(os.Stdin, os.Stdout)
}
```

有了该文件，就可以交互地生成词法单元了：

```
$ go run main.go
Hello mrnugget! This is the Monkey programming language!
Feel free to type in commands
>> let add = fn(x, y) { x + y; };
{Type:LET Literal:let}
{Type:IDENT Literal:add}
{Type:= Literal:=}
{Type:FUNCTION Literal:fn}
{Type:( Literal:(}
{Type:IDENT Literal:x}
{Type:, Literal:,}
{Type:IDENT Literal:y}
{Type:) Literal:)}
{Type:{ Literal:{}
{Type:IDENT Literal:x}
{Type:+ Literal:+}
{Type:IDENT Literal:y}
{Type:; Literal:;}
{Type:} Literal:}}
{Type:; Literal:;}
>>
```

完美！现在是时候开始对这些词法单元进行语法分析了。

第 2 章
语法分析

2.1 语法分析器

写过程序的人可能都听说过语法分析器，因为大部分遇到过"语法错误"这样的报错消息，或者听过甚至说过"我们需要进行语法分析""在语法分析之后""这个输入会让语法分析器报错"这样的话。与"编译器""解释器"和"编程语言"一样，"语法分析器"这个术语也很常见。每位开发人员都应该知道有语法分析器这么个东西**存在**。毕竟所有的"语法错误"都是它报告的。

语法分析器到底是什么，要完成什么样的任务，如何完成这些任务？对此，**维基百科是这么说的**：

> 语法分析器是一个软件组件，用于将输入的数据（通常是文本）构建成一个数据结构，通常是某种解析树、抽象语法树或其他层次结构。也就是说，它将输入的内容以结构化形式表示，并在此过程中检查语法是否正确……语法分析器通常位于词法分析器之后，而词法分析器会根据输入的字符序列创建词法单元。

对于维基百科中计算机科学的相关文章来说，这段摘抄算是非常容易理解的，其中甚至提到了前面介绍过的词法分析器！

语法分析器将输入的内容转换成对应的数据结构。这听起来很抽象，所以用一个例子来说明。下面是一段 JavaScript 代码：

```
> var input = '{"name": "Thorsten", "age": 28}';
> var output = JSON.parse(input);
> output
{ name: 'Thorsten', age: 28 }
> output.name
'Thorsten'
```

```
> output.age
28
>
```

这里的 `input` 只是一个由文本组成的字符串。该字符串传递给隐藏在 `JSON.parse` 函数后面的语法分析器，然后得到一个 `output` 值。这个 `output` 就是与 `input` 对应的数据结构，在这里是一个 JavaScript 对象，其中含有 `name` 和 `age` 两个字段，字段的值也与 `input` 中的内容对应。现在访问 `name` 和 `age` 字段，就可以轻松地使用此数据结构。

你可能会想"这个我懂了，不过 JSON 解析器与编程语言的语法分析器好像不是一个东西啊"。我知道你为什么会这么想，但实际上两者一样，并无区别。

两者至少在浅层概念上是相同的。JSON 解析器将输入的文本构建成一个能表示这个输入的数据结构。这也正是编程语言的语法分析器所要做的。两者的区别在于，对于 JSON 解析器，直接从输入的字符串就能看出其数据结构。而如果是下面这段代码：

```
if ((5 + 2 * 3) == 91) { return computeStuff(input1, input2); }
```

并不能直接看出要如何用数据结构来表示。因此，至少在我看来，两者的区别在于更深层次的概念上。我的猜测是，产生这种概念感知差异的主要原因是对编程语言的语法分析器及其生成的数据结构缺乏了解。我在编写 JSON，用语法分析器解析 JSON 以及检查其结果方面有很多经验，但针对编程语言进行语法分析的经验较少。作为编程语言的用户，我们很少能看到语法分析后以内部形式表示的源代码，也很少与之交互。Lisp 程序员除外。在 Lisp 中，表示源代码的数据结构就是 Lisp 用户所使用的数据结构。也就是说，语法分析后的 Lisp 源代码可以很容易地作为程序中的数据来访问。你经常会听到 Lisp 程序员说"代码就是数据，数据就是代码"。

因此，为了更好地理解编程语言语法分析器的概念，达到对序列化语言（如 JSON、YAML、TOML、INI 等）解析器的熟悉度和直观性，首先需要了解编程语言语法分析器产生的数据结构。

在大多数解释器和编译器中，用于源代码内部表示的数据结构称为"语法树"或"抽象语法树"（Abstract Syntax Tree，AST）。"抽象"是指 AST 中省略了源代码中可见的某些细节。比如分号、换行符、空格、注释、花括号、方括号和括号等信息不会出现在 AST 中，它们只是用来指导语法分析器如何构造 AST。当然，各个语言和语法分析器具体省略的内容有所区别。

需要注意的是，并没有一个通用的 AST 格式可供所有语法分析器使用。各个 AST 的实现都非常相似，它们在概念上相同，但是细节上略有区别。具体的实现取决于所解析的编程语言。

用一个小例子就能解释清楚。假设有以下源代码：

```
if (3 * 5 > 10) {
  return "hello";
} else {
  return "goodbye";
}
```

假设这使用的是 JavaScript，现在有 MagicLexer 和 MagicParser 这两款工具。用 JavaScript 对象构建 AST，那么语法分析步骤可能会生成下面这样的内容：

```
> var input = 'if (3 * 5 > 10) { return "hello"; } else { return "goodbye"; }';
> var tokens = MagicLexer.parse(input);
> MagicParser.parse(tokens);
{
  type: "if-statement",
  condition: {
    type: "operator-expression",
    operator: ">",
    left: {
      type: "operator-expression",
      operator: "*",
      left: { type: "integer-literal", value: 3 },
      right: { type: "integer-literal", value: 5 }
    },
    right: { type: "integer-literal", value: 10 }
  },
  consequence: {
    type: "return-statement",
    returnValue: { type: "string-literal", value: "hello" }
  },
  alternative: {
    type: "return-statement",
    returnValue: { type: "string-literal", value: "goodbye" }
  }
}
```

可以看到，语法分析器输出的 AST 非常抽象，没有括号、分号和花括号。即便如此，它依然非常准确地表示了源代码。现在回过头再看源代码，应该能看到 AST 结构的影子。

这就是语法分析器的作用。语法分析器将文本或词法单元形式的源代码作为输入，产生一个表示该源代码的数据结构。在建立数据结构时，语法分析器会解析输入，检查其是否符合预期的结构。这个过程就称为语法分析。

本章将为 Monkey 语言编写一个语法分析器。它的输入是第 1 章定义的词法单元，这些词法单元是已经写好的词法分析器生成的。同时，本章还将定义适用于 Monkey 语言解释器的 AST，并在递归解析词法单元时构建这个 AST 的实例。

2.2 为什么不用语法分析器生成器

也许你听说过语法分析器生成器，例如 yacc、bison 或 ANTLR 这样的工具。语法分析器生成器是一种工具，只要为其提供语言的正式描述，它就能生成对应的语法分析器。具体来说，语法分析器生成器生成的是一些代码，经过编译或解释运行后能得到语法生成器，此时为其提供源代码就能够得到语法树。

语法分析器生成器很多，所接受的输入格式和所生成的输出语言也各不相同，其中大多数使用**上下文无关文法**（context-free grammar，CFG）作为输入。CFG 是一组规则，描述了如何根据一种语言的语法构成正确的语句。CFG 最常用的符号格式是 Backus-Naur 形式（BNF）或 Extended Backus-Naur 形式（EBNF）。

```
PrimaryExpression ::= "this"
                    | ObjectLiteral
                    | ( "(" Expression ")" )
                    | Identifier
                    | ArrayLiteral
                    | Literal
Literal ::= ( <DECIMAL_LITERAL>
            | <HEX_INTEGER_LITERAL>
            | <STRING_LITERAL>
            | <BOOLEAN_LITERAL>
            | <NULL_LITERAL>
            | <REGULAR_EXPRESSION_LITERAL> )
Identifier ::= <IDENTIFIER_NAME>
ArrayLiteral ::= "[" ( ( Elision )? "]"
               | ElementList Elision "]"
               | ( ElementList )? "]" )
ElementList ::= ( Elision )? AssignmentExpression
                ( Elision AssignmentExpression )*
Elision ::= ( "," )+
ObjectLiteral ::= "{" ( PropertyNameAndValueList )? "}"
PropertyNameAndValueList ::= PropertyNameAndValue ( "," PropertyNameAndValue
                                                  | "," )*
PropertyNameAndValue ::= PropertyName ":" AssignmentExpression
PropertyName ::= Identifier
               | <STRING_LITERAL>
               | <DECIMAL_LITERAL>
```

这是用 BNF 定义的**完整** EcmaScript 语法的一部分。语法分析器生成器会将这段代码转换为可编译的 C 代码。

也许你看过其他资料，其中建议不要自己手动编写语法分析器，而应该使用语法分析器生成器。那些资料表示"可以跳过这一部分，这是一个已解决的问题"。提出这样的建议是因为语法分析器非常适合自动生成。语法分析是计算机科学中研究最为透彻的分支之一,许多专家花费了大量时间来研究语法分析,得到的成果就是 CFG、BNF、EBNF、语法分析器生成器及其使用的高级解析技术。既然如此,为什么本书不利用前人的研究成果呢?

这是因为学习编写自己的语法分析器不会浪费太多时间。实际上,这是非常有价值的事情。只有编写了自己的语法分析器或至少尝试过之后,才能明白语法分析器生成器的优缺点,以及其所能解决的问题。对我而言,在编写了第一个语法分析器后,**我才完全理解**了语法分析器生成器的概念。在看到它逐步执行代码后,我才真正地明白语法分析器生成器是如何自动生成代码的。

当有人想从解释器和编译器入手时,许多人建议使用语法分析器生成器,这么建议是因为他们之前写过语法分析器。他们现在对编写语法分析器会遇到的问题,以及可用的解决方案都有所了解,之后才认为使用现有的工具来完成这项工作更加合适。这么做是正确的,如果希望一个程序在生产环境中完成某项工作,那么程序的正确性和健壮性是重中之重。这种情况下当然不应该编写自己的语法分析器,特别是在以前从未编写过语法分析器的情况下。

但是这里是为了学习,为了理解语法分析器的工作方式。而要做到这一点的最佳方法就是亲力亲为,自己编写一个语法分析器。这也是一项有趣的工作。

2.3 为 Monkey 语言编写语法分析器

对编程语言进行语法分析时,主要有两种策略:自上而下的分析或自下而上的分析。每种策略都有很多变体。例如递归下降分析、Earley 分析、预测分析,这些都是自上而下分析的变体。

我们要编写的语法分析器是递归下降语法分析器。具体来说,它是基于自上而下的运算符优先级分析法的语法分析器。因为发明人是沃恩·普拉特(Vaughan Pratt),所以有时它也称为普拉特语法分析器。

这里不会介绍这两种分析策略的细节,一是因为篇幅有限,二是因为本人水平有限,无法准确分析这些策略。不过,这里还是会简单介绍自上而下的语法分析器和自下而上的语法分析器的区别。前者从构造 AST 的根节点开始,然后下降;而后者则以相反的方式进行构造。对于新手来说,通常建议使用自上而下进行构造的递归下降语法分析器,因为这种方式更加接近我们对 AST 的认知及 AST 的构造方式。我发现从根节点开始递归构建的这个方法很好,不过我是在写了许多代码后才真正明白的。这也是先编写代码,暂不深究分析策略的另一个原因。

现在，在自己编写语法分析器时必须做出一些取舍。我们的语法分析器不是最快的，也没有对其正确性和错误恢复过程进行形式化证明，错误语法的检测也不是无懈可击。如果不深入研究语法分析的相关理论，那么很难真正解决最后一个问题。不过这里将会完成一个对于Monkey语言完全可行的语法分析器。这款语法分析器易于理解，可以进一步扩展和改进。对于感兴趣的读者来说，它算是在语法分析领域不错的起步。

下面先从解析语句开始，介绍 let 语句和 return 语句。完成解析语句且建好语法分析器的基本框架后，我们会研究如何解析表达式，表达式才是普拉特算法的重点。之后扩展语法分析器，使其能够解析 Monkey 语言的更多成分。在这个过程中，我们也会为 AST 建立必要的结构体。

2.4 语法分析器的第一步：解析 let 语句

在 Monkey 语言中，变量绑定用以下形式的语句完成：

```
let x = 5;
let y = 10;
let foobar = add(5, 5);
let barfoo = 5 * 5 / 10 + 18 - add(5, 5) + multiply(124);
let anotherName = barfoo;
```

这些语句称为 let 语句，用于将值绑定到给定名称上。let x = 5;将值 5 绑定名称 x。本节的内容是正确解析 let 语句。这里先跳过带有表达式的 let 语句。表达式会产生一个值，然后由 let 语句将其绑定到给定变量上。介绍完如何解析表达式后，我们再回过头来解析这些带有表达式的 let 语句。

正确解析 let 语句是什么意思？这是指语法分析器需要生成一个 AST，该 AST 可以准确表示原 let 语句中包含的信息。这听起来很有道理，但是现在没有 AST，也不知道 AST 长什么样。因此，这里的首要任务是仔细研究 Monkey 的源代码并了解其结构，以定义 AST 的必要部分。这有助于准确地表示 let 语句。

下面是用 Monkey 编写的、完全有效的程序：

```
let x = 10;
let y = 15;

let add = fn(a, b) {
  return a + b;
};
```

Monkey 中的程序是一系列语句。在这个示例中可以看到 3 条语句，也就是用 let 语句实现的 3 个变量绑定。let 语句的形式如下：

```
let <标识符> = <表达式>;
```

Monkey 中的 let 语句有两个部分：标识符和表达式。在上面的示例中，x、y 和 add 是标识符，10、15 和函数字面量是表达式。

在继续之前，需要介绍一下语句和表达式之间的区别。表达式会产生值，语句不会。let x = 5 不会产生值，而 5 会产生值（产生的值就是 5）。return 5; 不会产生值，但是 add(5, 5) 会产生值。有些人对此会有不同观点，但在这里，这样理解就足够了。

表达式或语句到底是什么，哪些会产生值，哪些不会，这由编程语言决定。在某些语言中，函数字面量（例如 fn(x, y){return x + y;}）是表达式，可以用在任何允许其他表达式使用的地方。在另外一些编程语言中，函数字面量只能在程序顶层作为函数声明语句的一部分。还有某些语言具有 if 表达式，其中的条件语句部分是表达式并产生值。因此这些区别完全取决于语言设计师的选择。如你所见，Monkey 中的大多数是表达式，包括函数字面量。

回到 AST。通过上面的示例可以知道，AST 需要两种不同类型的节点：表达式和语句。AST 的初始定义是：

```go
// ast/ast.go

package ast

type Node interface {
    TokenLiteral() string
}

type Statement interface {
    Node
    statementNode()
}

type Expression interface {
    Node
    expressionNode()
}
```

这里有 3 个接口，分别称为 Node、Statement 和 Expression。AST 中的每个节点都必须实现 Node 接口，也就是说必须提供 TokenLiteral() 方法，该方法返回与其关联的词法单元的字面量。TokenLiteral() 仅用于调试和测试。将要构建的 AST 是一棵树，由相互连接的节点组成。有些节点实现了 Statement 接口，另一些节点实现了 Expression 接口。这些接口仅包含占位方法，分别为 statementNode 和 expressionNode。这些接口并不是必需的，但是可以指导 Go 编译器，让其提供一些帮助，比如在应该使用 Expression 的地方误用了 Statement 时抛出错误，或者其他情况。

下面是第一个 Node 实现：

```
// ast/ast.go

type Program struct {
    Statements []Statement
}

func (p *Program) TokenLiteral() string {
    if len(p.Statements) > 0 {
        return p.Statements[0].TokenLiteral()
    } else {
        return ""
    }
}
```

这个 Program 节点将成为语法分析器生成的每个 AST 的根节点。每个有效的 Monkey 程序都是一系列位于 Program.Statements 中的语句。Program.Statements 是一个切片，其中有实现 Statement 接口的 AST 节点。

在为 AST 构造定义了这些基本构造块之后，回头来想想应该为 let x = 5;这个变量绑定定义什么样的节点，节点中应该有哪些字段。首先肯定有一个字段是变量名；另外还需要一个字段指向等号右侧的表达式。这个字段不能仅指向字面量（在这个示例中为整数字面量 5），它还需要能够指向任何表达式，因为等号后面可以使用任何表达式，比如 let x = 5 * 5 与 y = add(2, 2) * 5 / 10 都是有效的表达式。之后，该节点还需要跟踪与其关联的词法单元，这样就能实现 TokenLiteral()方法。因此该节点需要 3 个字段：一个用于标识符，一个用于 let 语句中产生值的表达式，还有一个用于词法单元。

```
// ast/ast.go

import "monkey/token"

// [...]

type LetStatement struct {
    Token token.Token // token.LET 词法单元
    Name *Identifier
    Value Expression
```

}

```
func (ls *LetStatement) statementNode()       {}
func (ls *LetStatement) TokenLiteral() string { return ls.Token.Literal }

type Identifier struct {
    Token token.Token // token.IDENT 词法单元
    Value string
}

func (i *Identifier) expressionNode()       {}
func (i *Identifier) TokenLiteral() string { return i.Token.Literal }
```

LetStatement 中定义了所需的字段。Name 用来保存绑定的标识符；Value 为产生值的表达式。statementNode 和 TokenLiteral 这两个方法分别用来实现 Statement 接口和 Node 接口。

为了持有绑定的标识符，let x = 5;中的 x 是 Identifier 结构类型，该类型实现了 Expression 接口。但是 let 语句中的标识符不会产生值，那么为什么要作为表达式来使用呢？答案是为了保持简单。Monkey 程序其他地方的标识符**会**产生值，例如 let x = valueProducingIdentifier;。为了减少 AST 中各种类型节点的数量，在变量绑定中使用 Identifier 表示名称，之后在表示表达式中的标识符的时候，可以复用 Identifier 节点。

定义完 Program、LetStatement 和 Identifier，下面这段 Monkey 源代码可以由图 2-1 所示的 AST 表示：

```
let x = 5;
```

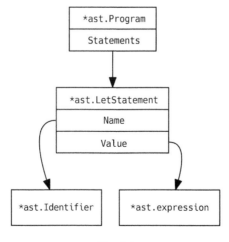

图 2-1

现在明白了 AST 的基本情况，接下来的任务是构造这样的 AST。事不宜迟，下面是语法分析器的初始代码：

```go
// parser/parser.go

package parser

import (
    "monkey/ast"
    "monkey/lexer"
    "monkey/token"
)

type Parser struct {
    l *lexer.Lexer

    curToken  token.Token
    peekToken token.Token
}

func New(l *lexer.Lexer) *Parser {
    p := &Parser{l: l}

    // 读取两个词法单元，以设置 curToken 和 peekToken
    p.nextToken()
    p.nextToken()

    return p
}

func (p *Parser) nextToken() {
    p.curToken = p.peekToken
    p.peekToken = p.l.NextToken()
}

func (p *Parser) ParseProgram() *ast.Program {
    return nil
}
```

Parser 有 3 个字段：l、curToken 和 peekToken。l 是指向词法分析器实例的指针，在该实例上重复调用 NextToken() 能不断获取输入中的下一个词法单元。curToken 和 peekToken 的行为与词法分析器中的两个"指针" position 和 readPosition 完全相同，但它们分别指向输入中的当前词法单元和下一个词法单元，而不是输入中的字符。这两个字段都很重要，查看 curToken（当前正在检查的词法单元）是为了决定下一步该怎么做，如果 curToken 没有提供足够的信息，还需要根据 peekToken 来做决策。比如有一行代码是 5;, 这时 curToken 是一个 token.INT, 所以需要根据 peekToken 查看下一个词法单元来确定现在是位于一行的末尾还是在算术表达式的开头。

New 函数不言自明。nextToken 方法是一个小型辅助函数，可以同时前移 curToken 和 peekToken。ParseProgram 暂时为空。

在编写测试并填充 ParseProgram 方法之前，我们现在先介绍一下递归下降语法分析器的基本概念和结构。这样做有助于更好地理解语法分析器。下面的伪代码涵盖了这类语法分析器的主要部分。仔细阅读以下代码，并尝试了解 parseProgram 函数所做的工作：

```
function parseProgram() {
  program = newProgramASTNode()

  advanceTokens()

  for (currentToken() != EOF_TOKEN) {
    statement = null

    if (currentToken() == LET_TOKEN) {
      statement = parseLetStatement()
    } else if (currentToken() == RETURN_TOKEN) {
      statement = parseReturnStatement()
    } else if (currentToken() == IF_TOKEN) {
      statement = parseIfStatement()
    }

    if (statement != null) {
      program.Statements.push(statement)
    }

    advanceTokens()
  }

  return program
}

function parseLetStatement() {
  advanceTokens()

  identifier = parseIdentifier()

  advanceTokens()

  if currentToken() != EQUAL_TOKEN {
    parseError("no equal sign!")
    return null
  }

  advanceTokens()

  value = parseExpression()
```

```
    variableStatement = newVariableStatementASTNode()
    variableStatement.identifier = identifier
    variableStatement.value = value
    return variableStatement
}

function parseIdentifier() {
    identifier = newIdentifierASTNode()
    identifier.token = currentToken()
    return identifier
}

function parseExpression() {
    if (currentToken() == INTEGER_TOKEN) {
        if (nextToken() == PLUS_TOKEN) {
            return parseOperatorExpression()
        } else if (nextToken() == SEMICOLON_TOKEN) {
            return parseIntegerLiteral()
        }
    } else if (currentToken() == LEFT_PAREN) {
        return parseGroupedExpression()
    }
// [...]
}

function parseOperatorExpression() {
    operatorExpression = newOperatorExpression()

    operatorExpression.left = parseIntegerLiteral()
    advanceTokens()
    operatorExpression.operator = currentToken()
    advanceTokens()
    operatorExpression.right = parseExpression()

    return operatorExpression
}
// [...]
```

由于这是伪代码，因此省略了很多内容，但是其中包含了递归下降语法分析背后的基本思想。入口点是 parseProgram，其中构造了 AST 的根节点（newProgramASTNode()）。接着调用其他函数来构建子节点（各种语句），具体来说就是根据当前词法单元来决定调用哪些函数构造 AST 节点。这些函数都可以互相递归调用。

这部分代码似乎暗示了递归最多的部分在 parseExpression 中。不过之前已经看到，要解析 5 + 5 这样的表达式，需要先解析 5 +，然后再次调用 parseExpression() 来解析其余部分，因为+后面可能是另一个运算符表达式，如 5 + 5 * 10。稍后将详细介绍表达式的解析，这可能是语法分析器中最复杂但也是最巧妙的部分，其中大量使用了普拉特解析法。

2.4 语法分析器的第一步：解析 let 语句 | 35

但就目前而言，我们已经可以看出语法分析器的任务，即反复前移词法单元指针并检查当前词法单元，以决定下一步的操作。下一步操作可能是调用另一个解析函数，也可能是抛出错误。然后，每个函数处理各自的任务，如果构造了一个 AST 节点，那么 parseProgram( ) 中的**主循环**会前移词法单元指针并决定下一步的操作。

如果你仔细阅读了刚刚的伪代码，并认为"好吧，这真的很容易理解"，那么有个好消息：ParseProgram 方法和语法分析器跟这很相似。下面开始吧！

同样，在填充 ParseProgram 之前，先添加测试。下面是一个测试用例，用来确保解析 let 语句能得到正确的结果：

```go
// parser/parser_test.go

package parser

import (
    "testing"
    "monkey/ast"
    "monkey/lexer"
)

func TestLetStatements(t *testing.T) {
    input := `
let x = 5;
let y = 10;
let foobar = 838383;
`

    l := lexer.New(input)
    p := New(l)

    program := p.ParseProgram()
    if program == nil {
        t.Fatalf("ParseProgram() returned nil")
    }
    if len(program.Statements) != 3 {
        t.Fatalf("program.Statements does not contain 3 statements. got=%d",
            len(program.Statements))
    }

    tests := []struct {
        expectedIdentifier string
    }{
        {"x"},
        {"y"},
        {"foobar"},
    }
    for i, tt := range tests {
        stmt := program.Statements[i]
        if !testLetStatement(t, stmt, tt.expectedIdentifier) {
```

```go
            return
        }
    }
}

func testLetStatement(t *testing.T, s ast.Statement, name string) bool {
    if s.TokenLiteral() != "let" {
        t.Errorf("s.TokenLiteral not 'let'. got=%q", s.TokenLiteral())
        return false
    }

    letStmt, ok := s.(*ast.LetStatement)
    if !ok {
        t.Errorf("s not *ast.LetStatement. got=%T", s)
        return false
    }

    if letStmt.Name.Value != name {
        t.Errorf("letStmt.Name.Value not '%s'. got=%s", name, letStmt.Name.Value)
        return false
    }

    if letStmt.Name.TokenLiteral() != name {
        t.Errorf("letStmt.Name.TokenLiteral() not '%s'. got=%s",
            name, letStmt.Name.TokenLiteral())
        return false
    }

    return true
}
```

这个测试用例遵循的原则与词法分析器测试的相同，其他所有单元测试都会遵循这个原则，即提供 Monkey 源代码作为输入，然后对语法分析器产生的 AST 设定期望的结果。通过检查尽可能多的 AST 节点字段来确保没有丢失任何内容。我发现，语法分析器容易产生差一错误，而测试和断言越多，这样的错误就越少。

这里没有伪造词法单元，而是真正使用了词法分析器，也就是直接提供源代码作为输入。这样会使测试更具可读性且更易理解。当然，带来的问题是如果词法分析器中存在错误，那么可能会破坏语法分析器的测试并产生不必要的干扰。但是我认为风险很小，特别是考虑到使用可读源代码作为输入的优点，这么做是值得的。

此测试用例有两点值得注意。第一是忽略了 *ast.LetStatement 的 Value 字段。为什么不检查整数字面量 5 和 10 能否正确解析？这些值的确要检查，但这里首先需要确保 let 语句的解析是正确的，所以暂时忽略 Value。

第二是辅助函数 testLetStatement。使用单独的函数似乎有点过度工程化，不过后面很快就会用到这个函数。到时候就会发现，这个函数让测试用例更具可读性，

2.4 语法分析器的第一步：解析 let 语句

因为它将本来分散在各处的类型转换集中在一起了。

另外，由于篇幅有限，这里不会列出本章中出现的所有语法分析器测试。本书随附的代码含有所有的测试代码。

不过测试如预期的那样失败了：

```
$ go test ./parser
--- FAIL: TestLetStatements (0.00s)
  parser_test.go:20: ParseProgram() returned nil
FAIL
FAIL    monkey/parser    0.007s
```

是时候填充 Parser 中的 ParseProgram( )方法了。

```go
// parser/parser.go

func (p *Parser) ParseProgram() *ast.Program {
    program := &ast.Program{}
    program.Statements = []ast.Statement{}

    for p.curToken.Type != token.EOF {
        stmt := p.parseStatement()
        if stmt != nil {
            program.Statements = append(program.Statements, stmt)
        }
        p.nextToken()
    }

    return program
}
```

这看起来与之前看到的 parseProgram( )伪代码函数几乎一样，我没骗你吧！而且两者实际所做的工作也是相同的。

ParseProgram 要做的第一件事是构造 AST 的根节点，也就是*ast.Program。然后遍历输入中的每个词法单元，直到遇见 token.EOF 词法单元。这通过重复调用 nextToken 完成，nextToken 会同时前移 p.curToken 和 p.peekToken。每次迭代都会调用 parseStatement，它每次解析一条语句。如果 parseStatement 返回的不是 nil，而是一个 ast.Statement，那么这个返回值会被添加到 AST 根节点的 Statements 切片中。所有内容都解析完成后，就返回*ast.Program 根节点。

parseStatement 方法如下所示：

```go
// parser/parser.go

func (p *Parser) parseStatement() ast.Statement {
```

```
    switch p.curToken.Type {
    case token.LET:
        return p.parseLetStatement()
    default:
        return nil
    }
}
```

不用担心，之后会给这个 switch 语句添加更多分支。但目前它仅在遇到 token.LET 词法单元时才调用 parseLetStatement。有了 parseLetStatement，测试就能通过了：

```
// parser/parser.go

func (p *Parser) parseLetStatement() *ast.LetStatement {
    stmt := &ast.LetStatement{Token: p.curToken}

    if !p.expectPeek(token.IDENT) {
        return nil
    }

    stmt.Name = &ast.Identifier{Token: p.curToken, Value: p.curToken.Literal}

    if !p.expectPeek(token.ASSIGN) {
        return nil
    }

    // TODO: 跳过对表达式的处理，直到遇见分号
    for !p.curTokenIs(token.SEMICOLON) {
        p.nextToken()
    }

    return stmt
}

func (p *Parser) curTokenIs(t token.TokenType) bool {
    return p.curToken.Type == t
}

func (p *Parser) peekTokenIs(t token.TokenType) bool {
    return p.peekToken.Type == t
}

func (p *Parser) expectPeek(t token.TokenType) bool {
    if p.peekTokenIs(t) {
        p.nextToken()
        return true
    } else {
        return false
    }
}
```

2.4 语法分析器的第一步：解析 let 语句

代码正常运行，测试通过了：

```
$ go test ./parser
ok      monkey/parser   0.007s
```

现在完成了对 let 语句的解析，太棒了！但这是怎么做到的呢？

先来看 parseLetStatement。这里使用当前所在的词法单元（token.LET）构造了一个*ast.LetStatement 节点，然后调用 expectPeek 来判断下一个是不是期望的词法单元，如果是，则前移词法单元指针。第一次期望的是一个 token.IDENT 词法单元，用于构造一个*ast.Identifier 节点。然后期望下一个词法单元是等号。之后跳过了一些表达式，直到遇见分号为止。目前的代码跳过了表达式的处理，后面介绍完如何解析表达式后会返回来替换这里的代码。

curTokenIs 和 peekTokenIs 无须太多解释。这两种方法很有用，后面在填充语法分析器时会不断遇到。另外前面 ParseProgram 中 for 循环的条件 p.curToken.Type != token.EOF，现在替换为!p.curTokenIs(token.EOF)。

抛开其中的小方法，来看看 expectPeek。几乎所有语法分析器都有**断言函数**，expectPeek 方法就是其中之一。断言函数的主要目的是通过检查下一个词法单元的类型，确保词法单元顺序的正确性。这里的 expectPeek 会检查 peekToken 的类型，并且只有在类型正确的情况下，它才会调用 nextToken 前移词法单元。可以看到，语法分析器中有很多地方需要进行这样的处理。

但如果在 expectPeek 中遇到不是预期类型的词法单元，该怎么办？目前的代码只能返回 nil，而在 ParseProgram 中会忽略这个 nil。因此如果出现错误的输入，整条语句都会悄无声息地被忽略。可以想象，这会使调试变得非常困难。没有人喜欢高难度的调试，因此需要在语法分析器中添加错误处理。

值得庆幸的是，需要的修改很少：

```
// parser/parser.go

import (
// [...]
    "fmt"
)

type Parser struct {
// [...]
    errors []string
// [...]
}
```

```go
func New(l *lexer.Lexer) *Parser {
    p := &Parser{
        l: l,
        errors: []string{},
    }
// [...]
}

func (p *Parser) Errors() []string {
    return p.errors
}

func (p *Parser) peekError(t token.TokenType) {
    msg := fmt.Sprintf("expected next token to be %s, got %s instead",
        t, p.peekToken.Type)
    p.errors = append(p.errors, msg)
}
```

Parser 中现在有一个 errors 字段，这是一个字符串切片。该字段会在 New 中初始化，当 peekToken 的类型与预期不符时，它会使用辅助函数 peekError 向 errors 中添加错误信息。有了 Errors 方法就可以检查语法分析器是否遇到了错误。

下面扩展测试套件来使用这个功能，一点都不难：

```go
// parser/parser_test.go

func TestLetStatements(t *testing.T) {
// [...]
    program := p.ParseProgram()
    checkParserErrors(t, p)
// [...]
}

func checkParserErrors(t *testing.T, p *Parser) {
    errors := p.Errors()
    if len(errors) == 0 {
        return
    }

    t.Errorf("parser has %d errors", len(errors))
    for _, msg := range errors {
        t.Errorf("parser error: %q", msg)
    }
    t.FailNow()
}
```

新的 checkParserErrors 辅助函数只检查语法分析器是否有错误，如果有错误就打印出来并终止当前测试。非常简单。

2.4 语法分析器的第一步：解析 let 语句

但是语法分析器中目前并没有任何错误。通过修改 expectPeek，每次对下一个词法单元的期望出错时可以自动添加错误：

```
// parser/parser.go

func (p *Parser) expectPeek(t token.TokenType) bool {
    if p.peekTokenIs(t) {
        p.nextToken()
        return true
    } else {
        p.peekError(t)
        return false
    }
}
```

如果现在将下面这个测试用例输入：

```
    input := `
let x = 5;
let y = 10;
let foobar = 838 383;
`
```

修改成缺少词法单元的无效输入：

```
    input := `
let x 5;
let = 10;
let 838 383;
`
```

那么运行测试就能看到新的语法分析错误：

```
$ go test ./parser
--- FAIL: TestLetStatements (0.00s)
  parser_test.go:20: parser has 3 errors
  parser_test.go:22: parser error: "expected next token to be =,\
    got INT instead"
  parser_test.go:22: parser error: "expected next token to be IDENT,\
    got = instead"
  parser_test.go:22: parser error: "expected next token to be IDENT,\
    got INT instead"
FAIL
FAIL    monkey/parser 0.007s
```

可以看到，语法分析器在这里展示了一个巧妙的小特性，即为遇到的每个错误语句都报错。语法分析器不会在遇到第一个错误时就退出，因此运行一次就能捕获所有语法错误，不用每次都重新运行解析过程。这非常有帮助，哪怕缺少错误所在的行号和列号也一样有帮助。

2.5 解析 return 语句

之前说过，要填充看上去空荡荡的 ParseProgram 方法，现在是时候了。这里将解析 return 语句。第一步与之前的 let 语句相同，是在 ast 包中定义必要的结构，用来在 AST 中表示 return 语句。

下面是 Monkey 中的 return 语句：

```
return 5;
return 10;
return add(15);
```

有了 let 语句的经验，这些语句背后的结构很容易发现：

```
return <表达式>;
```

return 语句仅由关键字 return 和表达式组成，因此 ast.ReturnStatement 的定义非常简单：

```
// ast/ast.go

type ReturnStatement struct {
    Token       token.Token // 'return'词法单元
    ReturnValue Expression
}

func (rs *ReturnStatement) statementNode()       {}
func (rs *ReturnStatement) TokenLiteral() string { return rs.Token.Literal }
```

该节点中所有内容之前都见过，其中有一个用于初始词法单元的字段和一个 ReturnValue 字段，该字段包含要返回的表达式。现在再次跳过表达式的解析和分号处理，放在后面介绍。这里用 statementNode 和 TokenLiteral 方法实现 Node 接口和 Statement 接口，并且它们看起来与在 *ast.LetStatement 上定义的方法相同。

接下来编写的测试看起来也与 let 语句的非常相似：

```
// parser/parser_test.go

func TestReturnStatements(t *testing.T) {
input := `
return 5;
return 10;
return 993 322;
`

    l := lexer.New(input)
    p := New(l)
```

```
    program := p.ParseProgram()
    checkParserErrors(t, p)

    if len(program.Statements) != 3 {
        t.Fatalf("program.Statements does not contain 3 statements. got=%d",
            len(program.Statements))
    }

    for _, stmt := range program.Statements {
        returnStmt, ok := stmt.(*ast.ReturnStatement)
        if !ok {
            t.Errorf("stmt not *ast.ReturnStatement. got=%T", stmt)
            continue
        }
        if returnStmt.TokenLiteral() != "return" {
            t.Errorf("returnStmt.TokenLiteral not 'return', got %q",
                returnStmt.TokenLiteral())
        }
    }
}
```

当然，之后介绍解析表达式时，我们会返回来扩展这个测试用例。这没关系，测试也不是一成不变的。不过这里的测试失败了：

```
$ go test ./parser
--- FAIL: TestReturnStatements (0.00s)
  parser_test.go:77: program.Statements does not contain 3 statements. got=0
FAIL
FAIL    monkey/parser    0.007s
```

这是因为 parseStatement 方法目前还不接受 token.RETURN 词法单元，所以需要修改这个方法让测试通过：

```
// parser/parser.go

func (p *Parser) parseStatement() ast.Statement {
    switch p.curToken.Type {
    case token.LET:
        return p.parseLetStatement()
    case token.RETURN:
        return p.parseReturnStatement()
    default:
        return nil
    }
}
```

在介绍 parseReturnStatement 方法之前，其实我可以讲很多内容，但这里就免了，因为这个方法并不大，没必要浪费篇幅。

```
// parser/parser.go

func (p *Parser) parseReturnStatement() *ast.ReturnStatement {
    stmt := &ast.ReturnStatement{Token: p.curToken}

    p.nextToken()

    // TODO：跳过对表达式的处理，直到遇见分号
    for !p.curTokenIs(token.SEMICOLON) {
        p.nextToken()
    }

    return stmt
}
```

这个方法的确很小。它唯一能做的就是构造一个 ast.ReturnStatement，并将当前词法单元放置到 Token 字段中。然后调用 nextToken( )将语法分析器的词法单元指针置于合适的位置，为接下来的表达式做准备。最后是跳过的内容。目前依然会跳过表达式的处理，直到遇见分号时结束。现在测试就能通过了：

```
$ go test ./parser
ok      monkey/parser   0.009s
```

可以再次庆祝了！现在 Monkey 语言的所有语句都可以解析了！没错，Monkey 语言只有两种语句：let 语句和 return 语句。其余部分都是表达式，也就是接下来要解析的内容。

2.6 解析表达式

我个人认为，解析表达式是编写语法分析器中最有趣的部分。正如之前所看到的，解析语句相对简单：从左至右处理词法单元，然后期望或拒绝下一个词法单元，如果一切正常，最后就返回一个 AST 节点。

但解析表达式还有其他的挑战。运算符优先级应该是第一个挑战，用一个例子来说明最为合适。假设要解析以下算术表达式：

```
5 * 5 + 10
```

这里需要一个 AST，表示下面这个表达式：

```
((5 * 5) + 10)
```

也就是说，在 AST 中，5 * 5 需要"更深"，并且要先于加法运算进行求值。为了生成这样的 AST，语法分析器必须知道*的优先级高于+的优先级。这是运算符优先

级最常见的示例,还有很多其他重要的情形。例如以下表达式:

```
5 * (5 + 10)
```

在这里,括号将 5 + 10 这个表达式组合在一起,提升了这个组合的优先级,现在必须在相乘之前先对加法表达式进行求值。这是因为括号的优先级高于*运算符。后面很快会看到,在许多情况下,优先级起着至关重要的作用。

分析表达式的另一个重大挑战是,在表达式中,相同类型的词法单元可能出现在多个位置。与此相反,let 词法单元只能在 let 语句的开头出现一次,因此想要确定 let 语句的其余部分很容易。现在看下面这个表达式:

```
-5 - 10
```

在这里,-运算符出现在表达式的开头,作为前缀运算符,然后在中间出现,作为中缀运算符。下面的代码也有类似的情况:

```
5 * (add(2, 3) + 10)
```

即使没有意识到括号应该当作运算符,你也能看出这里的情况与上一个示例相同。在这个示例中,外层括号表示分组表达式,内层括号是**调用表达式**。现在,词法单元位置的有效性要取决于上下文、前后的词法单元及其优先级。

2.6.1 Monkey 中的表达式

在 Monkey 语言中,除了 let 语句和 return 语句之外的所有内容都是表达式。这些表达式各有差别。

Monkey 有使用前缀运算符的表达式:

```
-5
!true
!false
```

当然,也有使用中缀运算符(也称二元运算符)的表达式:

```
5 + 5
5 - 5
5 / 5
5 * 5
```

除了基本的算术运算符之外,还有下面这些比较运算符:

```
foo == bar
foo != bar
foo < bar
foo > bar
```

当然，正如之前看到的，括号能对表达式进行分组并影响求值顺序：

```
5 * (5 + 5)
((5 + 5) * 5) * 5
```

然后还有调用表达式：

```
add(2, 3)
add(add(2, 3), add(5, 10))
max(5, add(5, (5 * 5)))
```

标识符也是表达式：

```
foo * bar / foobar
add(foo, bar)
```

Monkey 中的函数是"头等公民"。是的，函数字面量也是表达式。使用 let 语句可以将函数绑定到一个名称上。函数字面量只是语句中的表达式：

```
let add = fn(x, y) { return x + y };
```

下面使用了函数字面量代替标识符：

```
fn(x, y) { return x + y }(5, 5)
(fn(x) { return x }(5) + 10 ) * 10
```

与许多广泛使用的编程语言一样，Monkey 中也有 if 表达式：

```
let result = if (10 > 5) { true } else { false };
result // => true
```

结合以上这些不同形式的表达式，很明显，我们需要一种非常好的方法以可理解、可扩展的方式对其进行正确解析。过去的方法是根据当前词法单元来决定要做什么，但除非耗费大量精力，否则用这种方法走不远。此时普拉特解析法就派上用场了。

2.6.2 自上而下的运算符优先级分析（也称普拉特解析法）

在论文"Top Down Operator Precedence"中，沃恩·普拉特提出了一种解析表达式的方法，用他自己的话说：

> ……非常简单易懂，易于实现和使用，虽然理论上不太行，但在实际中的效率极高，同时又具有足够的灵活性，可以满足用户最合理的句法需求……

该论文发表于 1973 年，但从那以后的很多年里，普拉特的想法并没有得到广泛的关注。仅在最近几年，其他程序员才重新发现了普拉特的论文，实现了其中的代码，这才让普拉特的解析方法逐渐流行起来。因撰写《JavaScript 语言精粹》而闻名的道格拉斯·克罗克福德（Douglas Crockford）在他的文章"自上而下的运算符优先级"中，展示了如何将普拉特的想法转换为 JavaScript 代码，这也是克罗克福德在构建 JSLint 时所做的事情。另外我极力推荐《游戏编程模式》一书的作者罗伯特·尼斯特罗姆（Robert Nystrom）写的一篇文章"Pratt Parsers: Expression Parsing Made Easy"。在这篇文章里，他用干净的 Java 示例代码介绍了普拉特的方法，让其易于理解，方便跟随练习。

这 3 篇文章所描述的解析方法称为"自上而下的运算符优先级解析"（普拉特解析法），是基于上下文无关文法和 Backus-Naur-Form 语法分析器的替代方法。

普拉特解析法与其他语法分析方法的主要区别在于，普拉特没有将解析函数（回想一下 `parseLetStatement` 方法）与语法规则（在 BNF 或 EBNF 中定义）相关联，而是将这些函数（他称为语义代码，semantic code）与单个词法单元类型相关联。这个想法的关键是，每种词法单元类型都可以具有两个与之相关联的解析函数，具体取决于词法单元的位置，比如是中缀还是前缀。

你可能还无法完全理解这些内容。目前还没介绍过如何将解析函数与语法规则相关联，因此无法确定用词法单元类型替代语法规则这个想法是一种创新或具有启发性的变革。老实说，在撰写本节时，我遇到了先有鸡还是先有蛋的问题：先用抽象的方式讲解这个算法，然后再介绍算法实现，还是先给出实现代码，后面紧跟对应的解释，哪种方法更好。前一种方法可能会让你不停地前后翻书，后一种可能会让你跳过实现代码，只看附带的解释，这样可能无法领会很多内容。

最终我决定，这两种方法都不采用。本书采用的方法是，先实现语法分析器中表达式解析的代码；接着仔细研究表达式解析的实现及其算法；之后将其扩展完善，以便能够解析 Monkey 中所有可能的表达式。

在开始编写代码之前，先来明确一下术语。

2.6.3　术语

前缀运算符是位于操作数（operand）前面的运算符。例如：

```
--5
```

此处的运算符为`--`（递减），操作数为整数字面量 5，运算符位于前缀位置。

后缀运算符是位于操作数后面的运算符。例如：

```
foobar++
```

此处的运算符为++（递增），操作数为标识符 foobar，运算符位于后缀位置。本书构建的 Monkey 解释器没有后缀运算符。这不是因为技术限制，只是纯粹为了限制本书的范围。

中缀运算符在前面见过，位于两个操作数之间，如：

```
5 * 8
```

*运算符位于两个整数字面量 5 和 8 之间的中缀位置。中缀运算符出现在**二元表达式**中，即有两个操作数的表达式。

另外，前面遇到过**运算符优先级**这个术语，稍后也会继续使用。这个术语也可以称为**运算顺序**。它表示不同运算符的重要程度，能让运算符优先级更加直观。典型的例子就是之前看到的例子：

```
5 + 5 * 10
```

该表达式的结果是 55，而不是 100。这是因为*运算符的优先级更高，即**等级更高**。*运算符比+运算符**更重要**，因此需要在+运算符之前求值。有时我将运算符优先级视为**运算符黏性**：即运算符黏住了周围多少个操作数。

前缀运算符、后缀运算符、中缀运算符和运算符优先级都是基本术语。它们很重要，需要牢记这些简单的定义，后面会在其他地方用到这些术语。

下面来开始编写一些代码吧！

2.6.4 准备 AST

为了解析表达式，第一件事是要准备 AST。如前所述，Monkey 中的程序由一系列语句组成。有些是 let 语句，有些是 return 语句。现在需要在 AST 中添加第 3 种类型的语句：表达式语句。

之前不是说 let 语句和 return 语句是 Monkey 中仅有的两种语句类型吗？现在怎么又要添加一个？这是因为表达式语句不是真正的语句，而是仅由表达式构成的语句，相当于一层封装。需要添加表达式语句，是因为在 Monkey 中编写以下代码完全有效：

```
let x = 5;
x + 10;
```

第一行是 let 语句，第二行是表达式语句。其他语言没有这样的表达式语句，但是大多数脚本语言有。这样语言中就可以有只包含一个表达式的单行代码。现在将此节点类型添加到 AST 中：

```
// ast/ast.go

type ExpressionStatement struct {
    Token      token.Token // 该表达式中的第一个词法单元
    Expression Expression
}

func (es *ExpressionStatement) statementNode()       {}
func (es *ExpressionStatement) TokenLiteral() string { return es.Token.Literal }
```

ast.ExpressionStatement 类型具有两个字段，分别是每个节点都具有的 Token 字段和保存表达式的 Expression 字段。ast.ExpressionStatement 实现了 ast.Statement 接口，这意味着表达式语句可以添加到 ast.Program 的 Statements 切片中，这就是添加 ast.ExpressionStatement 的原因。

定义了 ast.ExpressionStatement，现在可以继续语法分析器的工作。不过这里先为所有 AST 节点添加了 String()方法，这个方法能够简化后续的工作。该方法既可以在调试时打印 AST 节点，也可以用来比较 AST 节点。这在测试中非常方便！

这个 String()方法将作为 ast.Node 接口的一部分：

```
// ast/ast.go

type Node interface {
    TokenLiteral() string
    String() string
}
```

现在 ast 包中的每个节点类型都必须实现此方法。也就是说，在接口中添加了这个方法后，已有的代码将无法编译，编译器会发现之前的 AST 节点没有完全实现修改后的 Node 接口。下面就从*ast.Program 开始，添加 String()方法：

```
// ast/ast.go

import (
// [...]
    "bytes"
)

func (p *Program) String() string {
    var out bytes.Buffer

    for _, s := range p.Statements {
        out.WriteString(s.String())
    }
```

```
    return out.String()
}
```

这个方法做的事并不复杂,只是创建一个缓冲区,并将每条语句的 String( )方法的返回值写入该缓冲区,最后将缓冲区以字符串形式返回。它将大部分工作委托给了 *ast.Program 中的 Statements。

换句话说,这个方法的实际工作分别由 ast.LetStatement、ast.ReturnStatement 和 ast.ExpressionStatement 这 3 种语句的 String( )方法完成:

```
// ast/ast.go

func (ls *LetStatement) String() string {
    var out bytes.Buffer

    out.WriteString(ls.TokenLiteral() + " ")
    out.WriteString(ls.Name.String())
    out.WriteString(" = ")

    if ls.Value != nil {
        out.WriteString(ls.Value.String())
    }

    out.WriteString(";")

    return out.String()
}

func (rs *ReturnStatement) String() string {
    var out bytes.Buffer

    out.WriteString(rs.TokenLiteral() + " ")

    if rs.ReturnValue != nil {
        out.WriteString(rs.ReturnValue.String())
    }

    out.WriteString(";")

    return out.String()
}

func (es *ExpressionStatement) String() string {
    if es.Expression != nil {
        return es.Expression.String()
    }
    return ""
}
```

现在只需要向 ast.Identifier 添加最后一个 String( )方法:

```go
// ast/ast.go

func (i *Identifier) String() string { return i.Value }
```

有了这些方法后,就可以在*ast.Program 上调用 String(),将整个程序作为字符串返回。这让我们能够方便地测试*ast.Program 的结构。以下面的 Monkey 源代码为例:

```
let myVar = anotherVar;
```

如果以这行代码构建 AST,那么就可以像下面这样对 String()的返回值进行断言:

```go
// ast/ast_test.go

package ast

import (
    "monkey/token"
    "testing"
)

func TestString(t *testing.T) {
    program := &Program{
        Statements: []Statement{
            &LetStatement{
                Token: token.Token{Type: token.LET, Literal: "let"},
                Name: &Identifier{
                    Token: token.Token{Type: token.IDENT, Literal: "myVar"},
                    Value: "myVar",
                },
                Value: &Identifier{
                    Token: token.Token{Type: token.IDENT, Literal: "anotherVar"},
                    Value: "anotherVar",
                },
            },
        },
    }

    if program.String() != "let myVar = anotherVar;" {
        t.Errorf("program.String() wrong. got=%q", program.String())
    }
}
```

在这个测试中,我们手动构建了 AST。当然,在为语法分析器编写测试时,我们并不会这么做,而是会对语法分析器产生的 AST 进行断言测试。这个例子只是为了演示,用以证明给语法分析器添加一个易读的测试层很容易,具体的方法是将语法分析器的输出与预先定义的字符串相比较。这个方法对解析表达式很有帮助。

现在有个好消息,那就是准备工作完成了!下面可以编写普拉特语法分析器了。

2.6.5 实现普拉特语法分析器

普拉特语法分析器的主要思想是将解析函数（普拉特称其为语义代码）与词法单元类型相关联。每当遇到某个词法单元类型时，都会调用相关联的解析函数来解析对应的表达式，最后返回生成的 AST 节点。每个词法单元类型最多可以关联两个解析函数，这取决于词法单元的位置，是位于前缀位置还是中缀位置。

实现普拉特语法分析器要做的第一件事是设置这些关联。下面定义了两种类型的函数，即前缀解析函数和中缀解析函数：

```go
// parser/parser.go

type (
    prefixParseFn func() ast.Expression
    infixParseFn  func(ast.Expression) ast.Expression
)
```

以上两种函数均返回 ast.Expression，这就是要在这里解析的内容，但是只有 infixParseFn 接受另一个 ast.Expression 作为参数。该参数是所解析的中缀运算符左侧的内容。根据定义，前缀运算符左侧为空。虽然目前这些概念还有些晦涩，但是暂且记下来，后面会介绍其中的工作原理。现在只要知道在前缀位置遇到关联的词法单元类型时会调用 prefixParseFn，在中缀位置遇到词法单元类型时会调用 infixParseFn，就可以了。

为了使语法分析器为当前词法单元类型正确调用 prefixParseFn 或 infixParseFn，我们给 Parser 结构添加了两个映射（map）：

```go
// parser/parser.go

type Parser struct {
    l      *lexer.Lexer
    errors []string

    curToken  token.Token
    peekToken token.Token

    prefixParseFns map[token.TokenType]prefixParseFn
    infixParseFns  map[token.TokenType]infixParseFn
}
```

有了这些映射，就可以检查相应的中缀映射或前缀映射是否具有与 curToken.Type 相关联的解析函数。

另外，还为 Parser 提供了两个辅助方法，用来向这些映射中添加内容：

```
// parser/parser.go

func (p *Parser) registerPrefix(tokenType token.TokenType, fn prefixParseFn) {
    p.prefixParseFns[tokenType] = fn
}

func (p *Parser) registerInfix(tokenType token.TokenType, fn infixParseFn) {
    p.infixParseFns[tokenType] = fn
}
```

现在可以开始接触算法的核心了。

2.6.6 标识符

标识符可能算是 Monkey 语言中最简单的表达式类型，这里就从它开始。表达式语句中的标识符如下所示：

```
foobar;
```

这个 foobar 是随便取的名字。标识符无论是在单个表达式语句中，还是在其他上下文中，都是表达式：

```
add(foobar, barfoo);
foobar + barfoo;
if (foobar) {
  // [...]
}
```

在上面的代码中，有些标识符是函数调用的参数；有些是中缀表达式的操作数；还有些是条件中的单个表达式。所有这些上下文中都可以使用标识符，因为标识符也是表达式，就像 1 + 2 一样。与其他表达式一样，标识符也可以产生值，得到的就是标识符所绑定的值。

先来看测试：

```
// parser/parser_test.go

func TestIdentifierExpression(t *testing.T) {
    input := "foobar;"

    l := lexer.New(input)
    p := New(l)
    program := p.ParseProgram()
    checkParserErrors(t, p)

    if len(program.Statements) != 1 {
        t.Fatalf("program has not enough statements. got=%d",
```

```
            len(program.Statements))
    }
    stmt, ok := program.Statements[0].(*ast.ExpressionStatement)
    if !ok {
        t.Fatalf("program.Statements[0] is not ast.ExpressionStatement. got=%T",
            program.Statements[0])
    }

    ident, ok := stmt.Expression.(*ast.Identifier)
    if !ok {
        t.Fatalf("exp not *ast.Identifier. got=%T", stmt.Expression)
    }
    if ident.Value != "foobar" {
        t.Errorf("ident.Value not %s. got=%s", "foobar", ident.Value)
    }
    if ident.TokenLiteral() != "foobar" {
        t.Errorf("ident.TokenLiteral not %s. got=%s", "foobar",
            ident.TokenLiteral())
    }
}
```

这里有很多行代码，但干的主要是些累活儿。它首先解析了输入 foobar;，用语法分析器检查是否有错误，接着对*ast.Program 节点中的语句数目进行断言，然后检查 program.Statements 中唯一的语句是否为*ast.ExpressionStatement，之后检查*ast.ExpressionStatement.Expression 是否为*ast.Identifier，最后检查标识符是否具有正确的"foobar"值。

当然，语法分析器测试会失败：

```
$ go test ./parser
--- FAIL: TestIdentifierExpression (0.00s)
  parser_test.go:110: program has not enough statements. got=0
FAIL
FAIL    monkey/parser   0.007s
```

语法分析器现在无法处理表达式信息，因此需要编写 parseExpression 方法。

要做的第一件事是扩展语法分析器的 parseStatement()方法，以便解析表达式语句。由于 Monkey 中实际上仅有的两种语句类型是 let 语句和 return 语句，因此，在没有这两种语句的情况下，就需要解析表达式语句：

```
// parser/parser.go

func (p *Parser) parseStatement() ast.Statement {
    switch p.curToken.Type {
    case token.LET:
        return p.parseLetStatement()
```

```go
    case token.RETURN:
        return p.parseReturnStatement()
    default:
        return p.parseExpressionStatement()
    }
}
```

parseExpressionStatement 方法如下所示：

```go
// parser/parser.go

func (p *Parser) parseExpressionStatement() *ast.ExpressionStatement {
    stmt := &ast.ExpressionStatement{Token: p.curToken}
    stmt.Expression = p.parseExpression(LOWEST)

    if p.peekTokenIs(token.SEMICOLON) {
        p.nextToken()
    }

    return stmt
}
```

你应该已经知道该怎么做了：首先构建 AST 节点，然后通过调用其他解析函数来填充其节点的字段。不过在这个示例中，还是有一些区别的。这里需要使用常量 LOWEST（尚不存在）作为参数来调用 parseExpression()（尚不存在）；然后检查可选的分号，没错，分号是可选的。如果 peekToken 是 token.SEMICOLON，则前移 curToken 指向这个分号。如果不是也没关系，无须在语法分析器中添加错误信息，因为表达式语句需要在有无分号的情况下都有效，这样才便于稍后在 REPL 中输入 5 + 5 之类的内容。

如果现在运行测试，编译还是会失败，因为 LOWEST 尚未定义。没关系，下面就来定义 Monkey 语言的优先级，其中就有 LOWEST：

```go
// parser/parser.go

const (
    _ int = iota
    LOWEST
    EQUALS      // ==
    LESSGREATER // > or <
    SUM         // +
    PRODUCT     // *
    PREFIX      // -X or !X
    CALL        // myFunction(X)
)
```

这里使用 iota 为这些常量设置逐个递增的数值。空白标识符_为 0，其余的常量值是 1 到 7。常量使用的数字无关紧要，重要的是顺序和彼此之间的关系。这些常量是用来区分运算符优先级的，比如*运算符的优先级是否比==运算符高，前缀运算符的优先级是否比调用表达式的优先级高。

在parseExpressionStatement中，最低的优先级会传递给parseExpression。由于目前尚未解析任何内容，因此还无法比较优先级，但稍后它会发挥作用。下面来编写parseExpression：

```go
// parser/parser.go

func (p *Parser) parseExpression(precedence int) ast.Expression {
    prefix := p.prefixParseFns[p.curToken.Type]
    if prefix == nil {
        return nil
    }
    leftExp := prefix()

    return leftExp
}
```

这是第一版parseExpression，此时它所做的只是检查前缀位置是否有与p.curToken.Type关联的解析函数。如果有，则调用该解析函数，否则返回nil。由于还没有关联任何词法单元和分析函数，因此目前返回的是nil。下一步是关联解析函数：

```go
// parser/parser.go

func New(l *lexer.Lexer) *Parser {
// [...]

    p.prefixParseFns = make(map[token.TokenType]prefixParseFn)
    p.registerPrefix(token.IDENT, p.parseIdentifier)

// [...]
}

func (p *Parser) parseIdentifier() ast.Expression {
    return &ast.Identifier{Token: p.curToken, Value: p.curToken.Literal}
}
```

这里修改了New()函数，在Parser上初始化了prefixParseFns映射，同时注册了一个解析函数。此时如果遇到token.IDENT类型的词法单元，解析函数就会调用在*Parser上定义的parseIdentifier方法。

parseIdentifier方法所做的事很简单。它只是将当前词法单元及其字面量分别提供给*ast.Identifier的Token和Value字段，然后返回该节点。注意，这个方法不会前移词法单元，也就是说不会调用 nextToken。所有解析函数，如 prefixParseFn 或 infixParseFn 都会遵循这个方式：函数在开始解析表达式时，当前 curToken 必须是所关联的词法单元类型，返回分析的表达式结果时，curToken 是当前表达式类型中的最后一个词法单元。切勿将词法单元前移得太远。

无论如何，测试通过了：

```
$ go test ./parser
ok      monkey/parser    0.007s
```

我们成功解析了标识符表达式！不过在离开计算机跟别人分享喜悦之前，再坚持一下，继续添加其他的表达式。

2.6.7　整数字面量

与标识符几乎一样，整数字面量也很容易解析，如下所示：

```
5;
```

是的，整数字面量也是表达式，其所产生的值就是整数本身。同样，思考一下整数字面量可能出现的地方，就可以理解为什么它们也是表达式：

```
let x = 5;
add(5, 10);
5 + 5 + 5;
```

这里的整数字面量可以替换成任何其他表达式，包括标识符、调用表达式、分组表达式、函数字面量等，替换后的代码仍然有效。所有表达式类型都是可以互换的，整数字面量是其中之一。

整数字面量的测试用例与标识符的测试用例很像：

```go
// parser/parser_test.go

func TestIntegerLiteralExpression(t *testing.T) {
    input := "5;"

    l := lexer.New(input)
    p := New(l)
    program := p.ParseProgram()
    checkParserErrors(t, p)

    if len(program.Statements) != 1 {
        t.Fatalf("program has not enough statements. got=%d",
            len(program.Statements))
    }
    stmt, ok := program.Statements[0].(*ast.ExpressionStatement)
```

```
    if !ok {
        t.Fatalf("program.Statements[0] is not ast.ExpressionStatement. got=%T",
            program.Statements[0])
    }

    literal, ok := stmt.Expression.(*ast.IntegerLiteral)
    if !ok {
        t.Fatalf("exp not *ast.IntegerLiteral. got=%T", stmt.Expression)
    }
    if literal.Value != 5 {
        t.Errorf("literal.Value not %d. got=%d", 5, literal.Value)
    }
    if literal.TokenLiteral() != "5" {
        t.Errorf("literal.TokenLiteral not %s. got=%s", "5",
            literal.TokenLiteral())
    }
}
```

与标识符测试用例一样，这里为语法分析器提供了一个简单的输入，然后检查语法分析器是否遇到任何错误，以及是否在*ast.Program.Statements 中生成了正确数量的语句。接着添加一个断言，确保第一条语句是*ast.ExpressionStatement。最后再用断言表明期望得到的是格式正确的*ast.IntegerLiteral。

由于*ast.IntegerLiteral 尚不存在，因此测试无法编译。不过定义这个结构体很简单：

```
// ast/ast.go

type IntegerLiteral struct {
    Token token.Token
    Value int64
}

func (il *IntegerLiteral) expressionNode()      {}
func (il *IntegerLiteral) TokenLiteral() string { return il.Token.Literal }
func (il *IntegerLiteral) String() string       { return il.Token.Literal }
```

与*ast.Identifier 相同，*ast.IntegerLiteral 实现了 ast.Expression 接口。但不同的是，*ast.IntegerLiteral 结构体中的 Value 类型是 int64 而不是 string，该字段将包含整数字面量在源代码中的实际值。在构建*ast.IntegerLiteral 时，必须将*ast.IntegerLiteral.Token.Literal 中的字符串（如"5"）转换为 int64。

最适合做这个转换的是与 token.INT 关联的解析函数 parseIntegerLiteral：

```
// parser/parser.go

import (
// [...]
```

```go
    "strconv"
)

func (p *Parser) parseIntegerLiteral() ast.Expression {
    lit := &ast.IntegerLiteral{Token: p.curToken}

    value, err := strconv.ParseInt(p.curToken.Literal, 0, 64)
    if err != nil {
        msg := fmt.Sprintf("could not parse %q as integer", p.curToken.Literal)
        p.errors = append(p.errors, msg)
        return nil
    }

    lit.Value = value

    return lit
}
```

这个方法与 `parseIdentifier` 一样简单，唯一的区别在于，该方法调用了 `strconv.ParseInt`。这个函数能将 `p.curToken.Literal` 中的字符串转换为 `int64`，然后将这个 `int64` 保存到 `Value` 字段，最后返回新构建的 `*ast.IntegerLiteral` 节点。如果转换失败，则语法分析器的 `errors` 字段中会添加一条新的错误消息。

不过测试还是无法通过：

```
$ go test ./parser
--- FAIL: TestIntegerLiteralExpression (0.00s)
  parser_test.go:162: exp not *ast.IntegerLiteral. got=<nil>
FAIL
FAIL    monkey/parser   0.008s
```

现在 AST 中得到的是 `nil` 而不是`*ast.IntegerLiteral`。原因是对于类型为 `token.INT` 的词法单元，`parseExpression` 找不到对应的 `prefixParseFn`。为了让测试通过，需要注册 `parseIntegerLiteral` 方法：

```go
// parser/parser.go

func New(l *lexer.Lexer) *Parser {
// [...]
    p.prefixParseFns = make(map[token.TokenType]prefixParseFn)
    p.registerPrefix(token.IDENT, p.parseIdentifier)
    p.registerPrefix(token.INT, p.parseIntegerLiteral)

// [...]
}
```

注册了 `parseIntegerLiteral` 后，`parseExpression` 就能处理 `token.INT` 词法单元了。现在调用 `parseIntegerLiteral` 就会返回`*ast.IntegerLiteral`。测试通过：

```
$ go test ./parser
ok      monkey/parser    0.007s
```

我们在不断进步，现在标识符和整数字面量都实现了！下面继续前进，来解析前缀运算符。

2.6.8 前缀运算符

Monkey 语言中有两个前缀运算符：`!`和`-`。它们的用法几乎与在其他语言中的一样：

```
-5;
!foobar;
5 + -10;
```

其用法结构如下所示：

```
<前缀运算符><表达式>;
```

是的，任何表达式都可以作为前缀运算符的操作数。下面这些代码是有效的：

```
!isGreaterThanZero(2);
5 + -add(5, 5);
```

这意味着，表示前缀运算符表达式的 AST 节点必须足够灵活，以便让任何表达式都可以作为其操作数。

先来处理重要的事。下面是前缀运算符或**前缀表达式**的测试用例：

```go
// parser/parser_test.go

func TestParsingPrefixExpressions(t *testing.T) {
    prefixTests := []struct {
        input        string
        operator     string
        integerValue int64
    }{
        {"!5;", "!", 5},
        {"-15;", "-", 15},
    }

    for _, tt := range prefixTests {
        l := lexer.New(tt.input)
        p := New(l)
        program := p.ParseProgram()
        checkParserErrors(t, p)

        if len(program.Statements) != 1 {
            t.Fatalf("program.Statements does not contain %d statements. got=%d\n",
                1, len(program.Statements))
        }
```

```
        stmt, ok := program.Statements[0].(*ast.ExpressionStatement)
        if !ok {
            t.Fatalf("program.Statements[0] is not ast.ExpressionStatement. got=%T",
                program.Statements[0])
        }

        exp, ok := stmt.Expression.(*ast.PrefixExpression)
        if !ok {
            t.Fatalf("stmt is not ast.PrefixExpression. got=%T", stmt.Expression)
        }
        if exp.Operator != tt.operator {
            t.Fatalf("exp.Operator is not '%s'. got=%s",
                tt.operator, exp.Operator)
        }
        if !testIntegerLiteral(t, exp.Right, tt.integerValue) {
            return
        }
    }
}
```

这个测试函数也有很多行代码。这主要有两个原因：首先是使用 `t.Errorf` 手动创建错误消息会占用一些空间，其次是使用了表格驱动的测试方法。这种实现方法稍后能节省大量测试代码。虽然目前只有两个测试用例，但如果以后每个用例都带有完整的测试代码，那么会需要很多代码。由于各个测试断言的逻辑都是相同的，因此可以共享这些测试设置。当前两个测试用例的输入分别是 `!5` 和 `-15`，区别在于期望的运算符和整数值不同，这是在 `prefixTests` 中定义的。

测试函数会遍历用于测试的输入切片来生成 AST，然后根据 `prefixTests` 结构体切片中定义的值对 AST 进行断言比较。可以看到，最后会使用一个名为 `testIntegerLiteral` 的新辅助函数，检查 `*ast.PrefixExpression` 的 `Right` 值是否是正确的整数字面量。在此引入这个新辅助函数可以让测试用例的重心集中在 `*ast.PrefixExpression` 及其字段上，后面很快就会再次用到这个函数。该函数如下所示：

```
// parser/parser_test.go

import (
// [...]
    "fmt"
)

func testIntegerLiteral(t *testing.T, il ast.Expression, value int64) bool {
    integ, ok := il.(*ast.IntegerLiteral)
    if !ok {
        t.Errorf("il not *ast.IntegerLiteral. got=%T", il)
        return false
    }
```

```
    if integ.Value != value {
        t.Errorf("integ.Value not %d. got=%d", value, integ.Value)
        return false
    }

    if integ.TokenLiteral() != fmt.Sprintf("%d", value) {
        t.Errorf("integ.TokenLiteral not %d. got=%s", value,
            integ.TokenLiteral())
        return false
    }

    return true
}
```

该函数中没有新内容，都在前面的 TestIntegerLiteralExpression 中遇到过。但是通过这样一个小型辅助函数能让新测试更具可读性。

不出所料，测试甚至无法编译：

```
$ go test ./parser
# monkey/parser
parser/parser_test.go:210: undefined: ast.PrefixExpression
FAIL    monkey/parser [build failed]
```

我们还需要定义 ast.PrefixExpression 节点：

```
// ast/ast.go

type PrefixExpression struct {
    Token    token.Token // 前缀词法单元，如!
    Operator string
    Right    Expression
}

func (pe *PrefixExpression) expressionNode()      {}
func (pe *PrefixExpression) TokenLiteral() string { return pe.Token.Literal }
func (pe *PrefixExpression) String() string {
    var out bytes.Buffer

    out.WriteString("(")
    out.WriteString(pe.Operator)
    out.WriteString(pe.Right.String())
    out.WriteString(")")

    return out.String()
}
```

这里没有什么特殊之处。不过*ast.PrefixExpression 节点有两个字段 Operator 和 Right 值得注意。Operator 是包含"-"或"!"的字符串；Right 字段包含运算符右边的表达式。

在 String()方法中，为运算符及其操作数，也就是为 Right 中的表达式特意添加了括号，这样可以查看每个运算符所附属的操作数。

定义*ast.PrefixExpression 之后，测试仍会失败并显示一条奇怪的错误消息：

```
$ go test ./parser
--- FAIL: TestParsingPrefixExpressions (0.00s)
  parser_test.go:198: program.Statements does not contain 1 statements. got=2
FAIL
FAIL    monkey/parser   0.007s
```

为什么 program.Statements 包含两条语句，而不是原本预期的一条？原因是 parseExpression 还无法识别前缀运算符，只返回了 nil。因此 program.Statements 中没有语句，只有两个 nil。

通过扩展语法分析器和 parseExpression 方法能够改善这个问题，再遇到这种情况时，它能提供更详细的错误消息：

```
// parser/parser.go

func (p *Parser) noPrefixParseFnError(t token.TokenType) {
    msg := fmt.Sprintf("no prefix parse function for %s found", t)
    p.errors = append(p.errors, msg)
}

func (p *Parser) parseExpression(precedence int) ast.Expression {
    prefix := p.prefixParseFns[p.curToken.Type]
    if prefix == nil {
        p.noPrefixParseFnError(p.curToken.Type)
        return nil
    }
    leftExp := prefix()

    return leftExp
}
```

小型辅助方法 noPrefixParseFnError 只是将格式化的错误消息添加到语法分析器的 errors 字段中，但这足以在失败的测试中获得更具体的错误消息：

```
$ go test ./parser
--- FAIL: TestParsingPrefixExpressions (0.00s)
  parser_test.go:227: parser has 1 errors
  parser_test.go:229: parser error: "no prefix parse function for ! found"
FAIL
FAIL    monkey/parser   0.010s
```

需要做的下一步很清楚，那就是为前缀表达式编写一个解析函数并将其注册到语法分析器中。

```
// parser/parser.go

func New(l *lexer.Lexer) *Parser {
// [...]
    p.registerPrefix(token.BANG, p.parsePrefixExpression)
    p.registerPrefix(token.MINUS, p.parsePrefixExpression)
// [...]
}

func (p *Parser) parsePrefixExpression() ast.Expression {
    expression := &ast.PrefixExpression{
        Token:    p.curToken,
        Operator: p.curToken.Literal,
    }

    p.nextToken()

    expression.Right = p.parseExpression(PREFIX)

    return expression
}
```

对于 token.BANG 和 token.MINUS，可以注册与 prefixParseFn 相似的新方法 parsePrefixExpression。与之前的解析函数一样，该方法将构建一个 AST 节点，在这个例子中是 *ast.PrefixExpression。但之后有些区别，该方法会额外调用 p.nextToken() 来前移词法单元。

只有在 p.curToken 的类型为 token.BANG 或 token.MINUS 时，语法分析器才会调用 parsePrefixExpression，其他情况并不会。但为了正确解析像-5 这样的前缀表达式，必须消耗多个词法单元。因此该方法在使用 p.curToken 构建*ast.PrefixExpression 节点后，会前移词法单元并再次调用 parseExpression。这次调用会以前缀运算符的优先级作为参数。目前还没用过这个参数，后面很快就会介绍其优点和用法。

当 parsePrefixExpression 调用 parseExpression 时，词法单元已经前移了，此时词法单元是前缀运算符后面的内容。对于-5 来说，调用 parseExpression 时，p.curToken.Type 为 token.INT。然后 parseExpression 检查已注册的前缀解析函数，会找到 parseIntegerLiteral，后者将构建一个*ast.IntegerLiteral 节点并将其返回。在 parseExpression 构造并返回这个节点后，parsePrefixExpression 会使用该节点填充*ast.PrefixExpression 的 Right 字段。

没有问题，测试通过了：

```
$ go test ./parser
ok      monkey/parser    0.007s
```

注意，解析函数遵循下面这样的特定协议。

在 parsePrefixExpression 中，开始的时候词法单元 p.curToken 是前缀运算符，返回的时候 p.curToken 是前缀表达式的操作数，即表达式的最后一个词法单元。这样在函数执行完毕后，词法单元指针的位置刚刚好，效果也不错。这里的巧妙之处在于，只用几行代码就完成了任务，而这一切都要归功于递归。

当然，parseExpression 中没有用到的 precedence 参数令人困惑。前面已经介绍了关于其用法的一些重要信息：优先级的值取决于调用者所了解的情况和上下文。parseExpressionStatement 是此处解析表达式的优先方法，它对运算符的优先级一无所知，仅使用了 LOWEST 优先级。不过 parsePrefixExpression 会把 PREFIX 优先级传递给 parseExpression，因为这个函数负责解析前缀表达式。

接下来需要解析中缀表达式，从中可以看看 parseExpression 是如何使用 precedence 的。

2.6.9　中缀运算符

下面将分析 8 个中缀运算符：

```
5 + 5;
5 - 5;
5 * 5;
5 / 5;
5 > 5;
5 < 5;
5 == 5;
5 != 5;
```

这里的 5 只是作为示例。与前缀运算符表达式一样，中缀运算符左右也可以使用任何表达式：

<表达式> <中缀运算符> <表达式>

由于中缀表达式中有左右两个操作数，因此有时也称之为**二元表达式**，而前缀表达式则称为**一元表达式**。虽然中缀运算符的两边可以使用任意表达式，但一开始，这里先编写仅使用整数字面量作为操作数的测试。测试通过后再进行扩展以包含更多的操作数类型。来看代码：

```go
// parser/parser_test.go

func TestParsingInfixExpressions(t *testing.T) {
    infixTests := []struct {
        input      string
        leftValue  int64
        operator   string
```

```
        rightValue int64
    }{
        {"5 + 5;", 5, "+", 5},
        {"5 - 5;", 5, "-", 5},
        {"5 * 5;", 5, "*", 5},
        {"5 / 5;", 5, "/", 5},
        {"5 > 5;", 5, ">", 5},
        {"5 < 5;", 5, "<", 5},
        {"5 == 5;", 5, "==", 5},
        {"5 != 5;", 5, "!=", 5},
    }

    for _, tt := range infixTests {
        l := lexer.New(tt.input)
        p := New(l)
        program := p.ParseProgram()
        checkParserErrors(t, p)

        if len(program.Statements) != 1 {
            t.Fatalf("program.Statements does not contain %d statements. got=%d\n",
                1, len(program.Statements))
        }

        stmt, ok := program.Statements[0].(*ast.ExpressionStatement)
        if !ok {
            t.Fatalf("program.Statements[0] is not ast.ExpressionStatement. got=%T",
                program.Statements[0])
        }

        exp, ok := stmt.Expression.(*ast.InfixExpression)
        if !ok {
            t.Fatalf("exp is not ast.InfixExpression. got=%T", stmt.Expression)
        }

        if !testIntegerLiteral(t, exp.Left, tt.leftValue) {
            return
        }

        if exp.Operator != tt.operator {
            t.Fatalf("exp.Operator is not '%s'. got=%s",
                tt.operator, exp.Operator)
        }
        if !testIntegerLiteral(t, exp.Right, tt.rightValue) {
            return
        }
    }
}
```

这个测试相当于复刻了 TestParsingPrefixExpressions，只是在所得的 AST 节点添加了 Right 和 Left 字段的断言。这里的表格驱动带来了巨大的优势，这个优势很快会在后面添加对标识符的测试时体现出来。

现在测试会因无法编译而失败，因为找不到*ast.InfixExpression 的定义。为了获得真正的失败测试，下面来定义 ast.InfixExpression：

```go
// ast/ast.go

type InfixExpression struct {
    Token    token.Token // 运算符词法单元，如+
    Left     Expression
    Operator string
    Right    Expression
}

func (ie *InfixExpression) expressionNode()      {}
func (ie *InfixExpression) TokenLiteral() string { return ie.Token.Literal }
func (ie *InfixExpression) String() string {
    var out bytes.Buffer

    out.WriteString("(")
    out.WriteString(ie.Left.String())
    out.WriteString(" " + ie.Operator + " ")
    out.WriteString(ie.Right.String())
    out.WriteString(")")

    return out.String()
}
```

与 ast.PrefixExpression 一样，首先需要定义 expressionNode()、TokenLiteral() 和 String() 方法，来让 ast.InfixExpression 实现 ast.Expression 和 ast.Node 接口。与 ast.PrefixExpression 相比，唯一区别是有一个名为 Left 的新字段，该字段可以保存任何表达式。

有了这些就可以构建并运行测试。测试返回的内容中甚至有一条是新添加的错误消息：

```
$ go test ./parser
--- FAIL: TestParsingInfixExpressions (0.00s)
  parser_test.go:246: parser has 1 errors
  parser_test.go:248: parser error: "no prefix parse function for + found"
FAIL
FAIL    monkey/parser   0.007s
```

但这条错误消息有误导。它的内容显示"找不到针对+的前缀解析函数"，而问题在于，此处并不是让语法分析器为+查找前缀解析函数，而是希望找到一个中缀解析函数。

现在就到了从"完成得还行"到"完成得很好"的关键转变，因为接下来要完善 parseExpression 方法。为此，需要有一个优先级表和一些辅助方法：

```go
// parser/parser.go

var precedences = map[token.TokenType]int{
    token.EQ:       EQUALS,
    token.NOT_EQ:   EQUALS,
    token.LT:       LESSGREATER,
    token.GT:       LESSGREATER,
    token.PLUS:     SUM,
    token.MINUS:    SUM,
    token.SLASH:    PRODUCT,
    token.ASTERISK: PRODUCT,
}

// [...]

func (p *Parser) peekPrecedence() int {
    if p, ok := precedences[p.peekToken.Type]; ok {
        return p
    }

    return LOWEST
}

func (p *Parser) curPrecedence() int {
    if p, ok := precedences[p.curToken.Type]; ok {
        return p
    }

    return LOWEST
}
```

precedences 就是优先级表，用于将词法单元类型与其优先级相关联。优先级的值是前面定义的常量，即一串递增的整数。从这张表可以看出，+（token.PLUS）和-（token.MINUS）具有相同的优先级，但低于*（token.ASTERISK）和/（token.SLASH）的优先级。

peekPrecedence 方法根据 p.peekToken 中的词法单元类型，返回所关联的优先级。如果在 p.peekToken 中没有存储对应的优先级，则使用默认值 LOWEST，这是所有运算符都可能具有的最低优先级。curPrecedence 方法类似，不过返回的是 p.curToken 的优先级。

下一步是为所有的中缀运算符注册一个中缀解析函数：

```go
// parser/parser.go

func New(l *lexer.Lexer) *Parser {
// [...]
    p.infixParseFns = make(map[token.TokenType]infixParseFn)
    p.registerInfix(token.PLUS, p.parseInfixExpression)
    p.registerInfix(token.MINUS, p.parseInfixExpression)
```

```
    p.registerInfix(token.SLASH, p.parseInfixExpression)
    p.registerInfix(token.ASTERISK, p.parseInfixExpression)
    p.registerInfix(token.EQ, p.parseInfixExpression)
    p.registerInfix(token.NOT_EQ, p.parseInfixExpression)
    p.registerInfix(token.LT, p.parseInfixExpression)
    p.registerInfix(token.GT, p.parseInfixExpression)
// [...]
}
```

现在总算能用到前面已经实现的 registerInfix 方法了。每个中缀运算符都与同一个名为 parseInfixExpression 的解析函数相关联，如下所示：

```
// parser/parser.go

func (p *Parser) parseInfixExpression(left ast.Expression) ast.Expression {
    expression := &ast.InfixExpression{
        Token:    p.curToken,
        Operator: p.curToken.Literal,
        Left:     left,
    }

    precedence := p.curPrecedence()
    p.nextToken()
    expression.Right = p.parseExpression(precedence)

    return expression
}
```

这里需要注意一点，与 parsePrefixExpression 相比，这个新方法有一个名为 left 的参数，其类型为 ast.Expression。该方法使用这个参数构造一个 *ast.InfixExpression 节点，其中参数 left 会填充到 Left 字段中。然后先将当前词法单元的优先级（中缀表达式的运算符）分配给局部变量 precedence，之后再调用 nextToken 前移词法单元，最后再次调用 parseExpression 来填充节点的 Right 字段，这次传入的是运算符词法单元的优先级。

是时候揭晓普拉特语法分析器的核心 parseExpression 的最终版本了：

```
// parser/parser.go

func (p *Parser) parseExpression(precedence int) ast.Expression {
    prefix := p.prefixParseFns[p.curToken.Type]
    if prefix == nil {
        p.noPrefixParseFnError(p.curToken.Type)
        return nil
    }
    leftExp := prefix()

    for !p.peekTokenIs(token.SEMICOLON) && precedence < p.peekPrecedence() {
        infix := p.infixParseFns[p.peekToken.Type]
```

```
        if infix == nil {
            return leftExp
        }

        p.nextToken()

        leftExp = infix(leftExp)
    }

    return leftExp
}
```

测试通过，没有任何问题：

```
$ go test ./parser
ok      monkey/parser    0.006s
```

现在能完整解析中缀运算符表达式了！啊？但这里到底发生了什么？它是如何分析的？

显然 parseExpression 现在做了更多的事情。之前介绍了该函数如何寻找并调用与当前词法单元关联的 prefixParseFn，前缀运算符、标识符和整数字面量都是这样处理的。

这里的新内容是位于 parseExpression 中的循环。在循环的主体中，该方法尝试为下一个词法单元查找 infixParseFns。如果找到了这个函数，就用 prefixParseFn 返回的表达式作为参数来调用这个函数。这个循环会重复执行，直到遇见优先级更低的词法单元为止。

这种方法很完美。下面的测试使用了多个不同优先级的运算符。注意，字符串形式的 AST 恰当地反映出了各表达式：

```
// parser/parser_test.go

func TestOperatorPrecedenceParsing(t *testing.T) {
    tests := []struct {
        input    string
        expected string
    }{
        {
            "-a * b",
            "((-a) * b)",
        },
        {
            "!-a",
            "(!(-a))",
        },
        {
```

```go
            "a + b + c",
            "((a + b) + c)",
        },
        {
            "a + b - c",
            "((a + b) - c)",
        },
        {
            "a * b * c",
            "((a * b) * c)",
        },
        {
            "a * b / c",
            "((a * b) / c)",
        },
        {
            "a + b / c",
            "(a + (b / c))",
        },
        {
            "a + b * c + d / e - f",
            "(((a + (b * c)) + (d / e)) - f)",
        },
        {
            "3 + 4; -5 * 5",
            "(3 + 4)((-5) * 5)",
        },
        {
            "5 > 4 == 3 < 4",
            "((5 > 4) == (3 < 4))",
        },
        {
            "5 < 4 != 3 > 4",
            "((5 < 4) != (3 > 4))",
        },
        {
            "3 + 4 * 5 == 3 * 1 + 4 * 5",
            "((3 + (4 * 5)) == ((3 * 1) + (4 * 5)))",
        },
    }

    for _, tt := range tests {
        l := lexer.New(tt.input)
        p := New(l)
        program := p.ParseProgram()
        checkParserErrors(t, p)

        actual := program.String()
        if actual != tt.expected {
            t.Errorf("expected=%q, got=%q", tt.expected, actual)
        }
    }
}
```

测试都通过了，很了不起吧！

由于之前在 AST 节点的 String() 方法中使用了括号，因此可以在输出结果中看到各个*ast.InfixExpression 都正确地嵌套了。

如果想知道所有这些是如何工作的，不用担心，下面就来仔细地研究 parseExpression 方法。

2.7 普拉特解析的工作方式

沃恩·普拉特在其论文中充分描述了 parseExpression 方法背后的算法及其解析函数和优先级的组合。不过本书中的实现方式与论文中介绍的有所区别。

普拉特没有使用本书中的 Parser 结构体，也没有使用在 *Parser 上定义的方法，没有使用映射，当然也没有使用 Go 语言，他的论文比 Go 发行版早了 36 年。除此之外还有命名上的区别，本书中的 prefixParseFns 对应论文中的"nuds"（"null denotations"），infixParseFns 对应论文中的"leds"（"left denotations"）。

虽然普拉特在论文中使用的是伪代码，但这里的 parseExpression 方法与其极为相似。该方法使用了相同的算法，几乎没有任何修改。

这里会跳过算法的理论部分，不深究算法为什么能工作，仅通过一个示例来介绍算法是如何工作的，以及如何将所有组件（parseExpression、解析函数和优先级）组合在一起。假设需要解析以下表达式语句：

```
1 + 2 + 3;
```

这里最大的挑战不是在最终的 AST 中表示每个运算符和操作数，而是如何正确嵌套 AST 的节点。最后得到的应该是一个 AST，序列化为字符串后如下所示：

```
((1 + 2) + 3)
```

这个 AST 需要有两个*ast.InfixExpression 节点。位置较高的*ast.InfixExpression 的 Right 子节点应该是整数字面量 3，其 Left 子节点是另一个*ast.InfixExpression。之后第二个*ast.InfixExpression 需要分别使用整数字面量 1 和 2 作为其 Left 子节点和 Right 子节点。如图 2-2 所示：

2.7 普拉特解析的工作方式

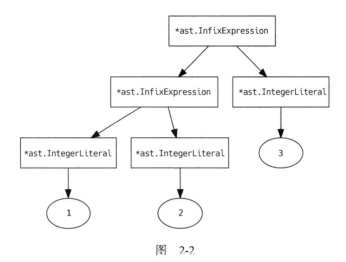

图 2-2

图 2-2 的 AST 正是语法分析器解析 `1 + 2 + 3;` 时输出的结果。后续段落会解释如何得到这个结果。现在来仔细分析首次调用 `parseExpressionStatement` 时，语法分析器所进行的工作。建议在阅读后续段落时也同时在计算机上敲出相应的代码。

下面就开始吧。在解析 `1 + 2 + 3;` 时会发生以下情况。

`parseExpressionStatement` 调用 `parseExpression(LOWEST)`。此时 `p.curToken` 和 `p.peekToken` 分别指向代码中的 `1` 和第一个 `+`，如图 2-3 所示。

图 2-3

接着 `parseExpression` 要做的第一件事情是，检查是否有一个与当前 `p.curToken.Type` 相关联的 `prefixParseFn`。这里的 `p.curToken.Type` 是 `token.INT`。所关联的 `prefixParseFn` 是 `parseIntegerLiteral`，因此就会调用这个 `parseIntegerLiteral`，并返回一个 `*ast.IntegerLiteral`。`parseExpression` 会将它分配给 `leftExp`。

然后到了 `parseExpression` 中的新 `for` 循环，此时循环的条件语句为 `true`：

```
for !p.peekTokenIs(token.SEMICOLON) && precedence < p.peekPrecedence() {
// [...]
}
```

这是因为此时 `p.peekToken` 不是 `token.SEMICOLON`，且 `peekPrecedence` 返回的 `+`

这个词法单元的优先级高于传递给 parseExpression 的参数 LOWEST。这里再次列出前面定义的优先级以供参考：

```
// parser/parser.go

const (
    _ int = iota
    LOWEST
    EQUALS      // ==
    LESSGREATER // > or <
    SUM         // +
    PRODUCT     // *
    PREFIX      // -X or !X
    CALL        // myFunction(X)
)
```

由于循环的条件语句为 true，因此 parseExpression 会执行 for 循环的主体，如下所示：

```
infix := p.infixParseFns[p.peekToken.Type]
if infix == nil {
    return leftExp
}

p.nextToken()

leftExp = infix(leftExp)
```

现在找到了 p.peekToken.Type 对应的 infixParseFn，也就是在*Parser 上定义的 parseInfixExpression。接着先前移词法单元，然后再调用这个函数并将其返回值分配给 leftExp（这里复用了 leftExp 变量）。因此目前情况如图 2-4 所示：

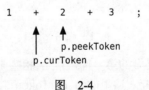

图 2-4

在这种情况下，调用 parseInfixExpression 并将已解析的*ast.IntegerLiteral（之前在 for 循环外分配给了 leftExp）传递过去。接下来 parseInfixExpression 中发生的事比较有趣。再来看看这个方法：

```
// parser/parser.go

func (p *Parser) parseInfixExpression(left ast.Expression) ast.Expression {
    expression := &ast.InfixExpression{
        Token:    p.curToken,
```

```
        Operator: p.curToken.Literal,
        Left:     left,
    }

    precedence := p.curPrecedence()
    p.nextToken()
    expression.Right = p.parseExpression(precedence)

    return expression
}
```

注意，此时 left 是已经解析过的 *ast.IntegerLiteral，表示的是 1。

parseInfixExpression 首先保存 p.curToken 的优先级（第一个+词法单元），然后前移词法单元并调用 parseExpression，传递刚刚保存的优先级。所以现在是第二次调用 parseExpression，词法单元如图 2-5 所示：

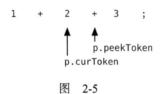

图 2-5

这次 parseExpression 要做的第一件事是，寻找 p.curToken 对应的 prefixParseFn，结果依然是 parseIntegerLiteral。但是现在 for 循环的条件语句是 false，因为 precedence（传递给 parseExpression 的参数）是 1 + 2 + 3 中**第一个+运算符的优先级**，该优先级等同于第二个+运算符，也就是 p.peekToken 的优先级，所以这里不会执行 for 循环的主体，只返回表示 2 的 *ast.IntegerLiteral。

现在回到 parseInfixExpression 中，parseExpression 的返回值分配给了新构建的 *ast.InfixExpression 的 Right 字段。所以现在的情况如图 2-6 所示：

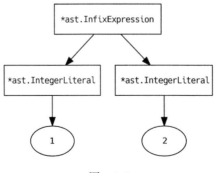

图 2-6

这个*ast.InfixExpression 由循环内部的 parseInfixExpression 返回。而现在需要回到 parseExpression 的 for 循环外面，此时 precedence 仍然是 LOWEST，然后需要再次开始 for 循环并计算循环条件。

```
for !p.peekTokenIs(token.SEMICOLON) && precedence < p.peekPrecedence() {
// [...]
}
```

这次结果仍然为 true，因为 precedence 为 LOWEST，并且 peekPrecedence 现在返回了表达式中第二个+的优先级，该优先级更高。parseExpression 第二次执行 for 循环的主体。不同之处在于，现在 leftExp 不是表示 1 的*ast.IntegerLiteral，而是由 parseInfixExpression 返回的*ast.InfixExpression，表示的是 1 + 2。

在循环的主体中，parseExpression 找到 p.peekToken.Type（第二个+）对应的 infixParseFn，也就是 parseInfixExpression；接着前移词法单元；最后使用 leftExp 作为参数调用 parseInfixExpression。而在 parseInfixExpression 中，会再次调用 parseExpression，返回最后一个*ast.IntegerLiteral，也就是表达式中的 3。

完成这些之后，在循环主体的末尾，leftExp 如图 2-7 所示：

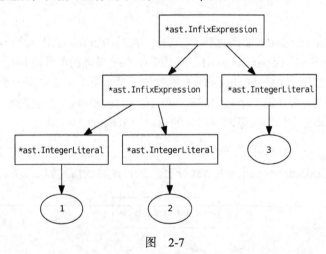

图 2-7

这正是我们想要的！运算符和操作数嵌套正确！词法单元如图 2-8 所示：

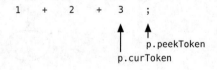

图 2-8

现在 for 循环的条件语句计算结果为 false：

```
for !p.peekTokenIs(token.SEMICOLON) && precedence < p.peekPrecedence() {
// [...]
}
```

因为 p.peekTokenIs(token.SEMICOLON) 的求值结果为 true，所以不会执行循环主体。

对 p.peekTokenIs(token.SEMICOLON) 的调用不是必需的。如果找不到 p.peekToken.Type 的优先级，那么 peekPrecedence 方法会返回默认值 LOWEST，而 token.SEMICOLON 词法单元对应的也是 LOWEST。但是我认为这相当于强调分号是表达式的结束符，让代码更易理解。

就这样，for 循环执行完了，得到了 leftExp 的返回值。现在回到 parseExpression-Statement 中，得到最终正确的 *ast.InfixExpression，并将其用作 *ast.Expression-Statement 中的表达式。

现在知道了语法分析器是如何正确解析 1 + 2 + 3 的。这非常有趣，不是吗？特别是 precedence 和 peekPrecedence 的用法。

但这不算"真正的优先级问题"，因为在这个示例中，每个运算符（+）都有相同的优先级，没有展现不同优先级的运算符是如何处理的。能不能将默认值设置为 LOWEST，而对所有运算符都使用 HIGHEST？

答案是不能，因为那样做会生成错误的 AST。使用优先级是为了让具有较高优先级的运算符表达式位于树中更高的位置，而较低优先级的运算符表达式位于树中较低的位置。这是通过 parseExpression 中的 precedence 参数完成的。

调用 parseExpression 时，precedence 的值表示当前 parseExpression 调用中的"右约束能力"。右约束能力越强，当前表达式（包含后续的词法单元）右边可以"约束"的词法单元、运算符、操作数就越多，也可以理解成能够"融合"的内容更多。

如果当前的右约束能力达到最大值，那么当前解析的结果，即分配给 leftExp 的值**不会**传递给与下一个运算符（或词法单元）关联的 infixParseFn。也就是说，leftExp 不会成为"左"子节点，因为此时 for 循环的条件语句不为 true。

你可能猜到了，与右约束能力相对，还有一种"左约束能力"。但哪个值表示这种左约束能力？既然 parseExpression 中的优先级参数表示的是当前的右约束能力，那么下一个运算符的左约束能力从何而来？答案很简单，来自对 peekPrecedence 的调用。该调用返回的值代表下一个运算符 p.peekToken 的左约束能力。

最终，一切都回到 for 循环的 precedence < p.peekPrecedence()条件。这个条件检查的是，下一个运算符或词法单元的左约束能力是否强于当前的右约束能力。如果是的话，当前解析的内容将由下一个运算符从左到右"融合"，并最终传递给下一个运算符的 infixParseFn。

来看一个例子，假设正在解析表达式语句-1 + 2;，最终的 AST 表示的应该是(-1)+ 2，而不是-(1 + 2)。在 parseExpressionStatement 和 parseExpression 之后，第一个方法是与 token.MINUS 关联的 prefixParseFn，即 MINUS: parsePrefixExpression。为了方便参考，这里列出了完整的 parsePrefixExpression 代码：

```
// parser/parser.go

func (p *Parser) parsePrefixExpression() ast.Expression {
  expression := &ast.PrefixExpression{
    Token:    p.curToken,
    Operator: p.curToken.Literal,
  }
  p.nextToken()
  expression.Right = p.parseExpression(PREFIX)
  return expression
}
```

这里将 PREFIX 作为优先级传递给 parseExpression，将 PREFIX 变成了这个 parseExpression 调用的右约束能力。根据定义，PREFIX 的优先级很高。结果是 parseExpression(PREFIX)不会解析-1 中的 1，而会将其传递给另一个 infixParseFn。在这种情况下，precedence < p.peekPrecedence()一直为 false，即 infixParseFn 不会将 1 作为表达式的左半边，而是将 1 作为前缀表达式的"右半边"返回。这个右半边只有一个 1，没有随后需要解析的其他表达式。

回到对 parseExpression 的最外层调用，即已经完成了对 parsePrefixExpression 的调用，位于第一个 leftExp := prefix()之后，此时 precedence 的值仍然是 LOWEST，这是在最外层调用中使用的值。因为右约束能力仍然是 LOWEST，所以 p.peekToken 现在是-1 + 2 中的+。

现在需要计算 for 循环的条件，以判断是否应执行循环主体。结果表明，+运算符的优先级（由 p.peekPrecedence()返回）高于当前的右约束能力。那么已解析的内容（前缀表达式-1）现在需要传给与+关联的 infixParseFn。也就是说，+通过左约束能力"融合"了之前已解析的内容，将其用作正在构建的 AST 节点的"左半边"。

与+关联的 infixParseFn 是 parseInfixExpression。它在调用 parseExpression 时会将+的优先级用作右约束能力，而不是使用 LOWEST，因为这会导致另一个+具有更强的左约束能力并"融合"表达式的"右半边"，这样会导致类似 a + b + c 的表达式得到的结果是(a + (b + c))，而不是期望的((a + b) + c)。

前缀运算符的高优先级现在能起作用了。这种方式甚至对中缀运算符也有用。在运算符优先级的经典示例 1 + 2 * 3 中，*的左约束能力大于+的右约束能力。所以解析时，2 会被传给与*词法单元关联的 infixParseFn。

值得注意的是，在语法分析器中，每个词法单元都具有相同的左约束能力和右约束能力。precedences 表中只使用了一个值同时表示两者，该值的具体表现取决于上下文。

如果一个运算符应该是右关联而不是左关联，比如+此时应该是(a + (b + c))而不是((a + b) + c)，那么在解析运算符表达式"右半边"时，必须使用较小的右约束能力。如果联想到其他语言中的++和--运算符，就会记得这些运算符可以在前缀和后缀位置使用，那么就可以知道为什么运算符的左约束能力和右约束能力不同很有用了。

由于 Monkey 中的运算符优先级只是单独的一个值，没有分别定义左约束能力和右约束能力，因此只修改运算符的优先级无法实现这个目标。但如果想要使+右关联，那么可以在调用 parseExpression 时降低其优先级，如下所示：

```go
// parser/parser.go

func (p *Parser) parseInfixExpression(left ast.Expression) ast.Expression {
    expression := &ast.InfixExpression{
        Token:    p.curToken,
        Operator: p.curToken.Literal,
        Left:     left,
    }

    precedence := p.curPrecedence()
    p.nextToken()
    expression.Right = p.parseExpression(precedence)
    // ^^^ 为了获得右关联特性，在这里降低运算符的优先级
    return expression
}
```

下面修改这个方法来演示一下实际效果：

```go
// parser/parser.go

func (p *Parser) parseInfixExpression(left ast.Expression) ast.Expression {
    expression := &ast.InfixExpression{
        Token:    p.curToken,
        Operator: p.curToken.Literal,
        Left:     left,
    }
```

```
        precedence := p.curPrecedence()
        p.nextToken()

        if expression.Operator == "+" {
            expression.Right = p.parseExpression(precedence - 1)
        } else {
            expression.Right = p.parseExpression(precedence)
        }

        return expression
    }
```

修改之后,测试显示+是右关联的:

```
$ go test -run TestOperatorPrecedenceParsing ./parser
--- FAIL: TestOperatorPrecedenceParsing (0.00s)
  parser_test.go:359: expected="((a + b) + c)", got="(a + (b + c))"
  parser_test.go:359: expected="((a + b) - c)", got="(a + (b - c))"
  parser_test.go:359: expected="(((a + (b * c)) + (d / e)) - f)",\
      got="(a + ((b * c) + ((d / e) - f)))"
FAIL
```

到这里,深入分析 parseExpression 的旅程就结束了。如果你仍然有疑惑,无法明白其工作原理,别担心,我之前也有同感。若想进一步了解,可以在 Parser 的方法中放置跟踪语句,看看在解析某些表达式时会发生什么。在本章随附的 code 文件夹中,有一个名为./parser/parser_tracing.go 的文件,本节内容没有介绍过。该文件定义了 trace 和 untrace 两个函数,可以帮助了解语法分析器的工作原理。使用方法如下所示:

```
// parser/parser.go

func (p *Parser) parseExpressionStatement() *ast.ExpressionStatement {
    defer untrace(trace("parseExpressionStatement"))
// [...]
}

func (p *Parser) parseExpression(precedence int) ast.Expression {
    defer untrace(trace("parseExpression"))
// [...]
}

func (p *Parser) parseIntegerLiteral() ast.Expression {
    defer untrace(trace("parseIntegerLiteral"))
// [...]
}

func (p *Parser) parsePrefixExpression() ast.Expression {
    defer untrace(trace("parsePrefixExpression"))
```

```
// [...]
}

func (p *Parser) parseInfixExpression(left ast.Expression) ast.Expression {
    defer untrace(trace("parseInfixExpression"))
// [...]
}
```

添加这些跟踪语句,就可以使用语法分析器查看每一步操作。下面是在测试套件中解析表达式语句-1 * 2 + 3时的输出。

```
$ go test -v -run TestOperatorPrecedenceParsing ./parser
=== RUN   TestOperatorPrecedenceParsing
BEGIN parseExpressionStatement
        BEGIN parseExpression
                BEGIN parsePrefixExpression
                        BEGIN parseExpression
                                BEGIN parseIntegerLiteral
                                END parseIntegerLiteral
                        END parseExpression
                END parsePrefixExpression
                BEGIN parseInfixExpression
                        BEGIN parseExpression
                                BEGIN parseIntegerLiteral
                                END parseIntegerLiteral
                        END parseExpression
                END parseInfixExpression
                BEGIN parseInfixExpression
                        BEGIN parseExpression
                                BEGIN parseIntegerLiteral
                                END parseIntegerLiteral
                        END parseExpression
                END parseInfixExpression
        END parseExpression
END parseExpressionStatement
--- PASS: TestOperatorPrecedenceParsing (0.00s)
PASS
ok      monkey/parser   0.008s
```

2.8 扩展语法分析器

在继续介绍如何扩展语法分析器之前,首先要清理并扩展现有的测试套件。这里不会列出完整且让人感到枯燥的代码,但会介绍一些小型辅助函数,以便让测试更易于理解。

之前已经有了 `testIntegerLiteral` 测试辅助函数,这里介绍第二个名为 `testIdentifier` 的函数。它能够清理和重构测试代码:

```go
// parser/parser_test.go

func testIdentifier(t *testing.T, exp ast.Expression, value string) bool {
    ident, ok := exp.(*ast.Identifier)
    if !ok {
        t.Errorf("exp not *ast.Identifier. got=%T", exp)
        return false
    }

    if ident.Value != value {
        t.Errorf("ident.Value not %s. got=%s", value, ident.Value)
        return false
    }

    if ident.TokenLiteral() != value {
        t.Errorf("ident.TokenLiteral not %s. got=%s", value,
            ident.TokenLiteral())
        return false
    }

    return true
}
```

有趣的是, 在这两个函数的基础上, 能构建更多的通用辅助函数:

```go
// parser/parser_test.go

func testLiteralExpression(
    t *testing.T,
    exp ast.Expression,
    expected interface{},
) bool {
    switch v := expected.(type) {
    case int:
        return testIntegerLiteral(t, exp, int64(v))
    case int64:
        return testIntegerLiteral(t, exp, v)
    case string:
        return testIdentifier(t, exp, v)
    }
    t.Errorf("type of exp not handled. got=%T", exp)
    return false
}

func testInfixExpression(t *testing.T, exp ast.Expression, left interface{},
    operator string, right interface{}) bool {

    opExp, ok := exp.(*ast.InfixExpression)
    if !ok {
        t.Errorf("exp is not ast.InfixExpression. got=%T(%s)", exp, exp)
        return false
    }
```

```
    if !testLiteralExpression(t, opExp.Left, left) {
        return false
    }

    if opExp.Operator != operator {
        t.Errorf("exp.Operator is not '%s'. got=%q", operator, opExp.Operator)
        return false
    }

    if !testLiteralExpression(t, opExp.Right, right) {
        return false
    }

    return true
}
```

有了这些辅助函数，就能编写下面这样的测试代码：

```
testInfixExpression(t, stmt.Expression, 5, "+", 10)
testInfixExpression(t, stmt.Expression, "alice", "*", "bob")
```

这样就能更方便地测试语法分析器生成的 AST 属性了。我使用这些新的测试辅助函数提前修改了现有的语法分析器测试。在 parser/parser_test.go 中，你可以看到经过清理和扩展的测试套件代码。

2.8.1 布尔字面量

在 Monkey 语言中，还需要在语法分析器和 AST 中实现其他一些功能，其中最简单的是布尔字面量。在 Monkey 中，能使用表达式的地方就能使用布尔字面量：

```
true;
false;
let foobar = true;
let barfoo = false;
```

与标识符和整数字面量一样，布尔字面量的 AST 表示也非常简短：

```
// ast/ast.go

type Boolean struct {
    Token token.Token
    Value bool
}

func (b *Boolean) expressionNode()      {}
func (b *Boolean) TokenLiteral() string { return b.Token.Literal }
func (b *Boolean) String() string       { return b.Token.Literal }
```

Value 字段用来保存 bool 类型的值，即 true 或 false。这是 Go 的 bool 值，不是 Monkey 字面量。定义了 AST 节点后就可以添加测试了。

这个 TestBooleanExpression 测试函数与现有的 TestIdentifierExpression 和 TestIntegerLiteralExpression 非常相似，因此这里不再赘述。测试显示的错误消息足以指出实现布尔字面量解析的正确方向：

```
$ go test ./parser
--- FAIL: TestBooleanExpression (0.00s)
  parser_test.go:470: parser has 1 errors
  parser_test.go:472: parser error: "no prefix parse function for TRUE found"
FAIL
FAIL    monkey/parser   0.008s
```

当然，需要为 token.TRUE 和 token.FALSE 词法单元注册一个 prefixParseFn。

```
// parser/parser.go

func New(l *lexer.Lexer) *Parser {
// [...]
    p.registerPrefix(token.TRUE, p.parseBoolean)
    p.registerPrefix(token.FALSE, p.parseBoolean)
// [...]
}
```

而对于 parseBoolean 方法，你应该知道怎么写了：

```
// parser/parser.go

func (p *Parser) parseBoolean() ast.Expression {
    return &ast.Boolean{Token: p.curToken, Value: p.curTokenIs(token.TRUE)}
}
```

这个方法内联了 p.curTokenIs(token.TRUE) 调用。除此之外就没什么稀奇的地方了。这种方式很直接，换句话说，语法分析器的架构为我们省去了不少工作！这实际上是普拉特解析法的优点之一，即非常容易扩展。

测试通过了：

```
$ go test ./parser
ok      monkey/parser   0.006s
```

有趣的是，现在可以扩展多个测试以覆盖新实现的布尔字面量。第一个测试是 TestOperatorPrecedenceParsing，向其中添加字符串比较机制：

```
// parser/parser_test.go

func TestOperatorPrecedenceParsing(t *testing.T) {
    tests := []struct {
        input    string
        expected string
    }{
```

2.8 扩展语法分析器

```
// [...]
    {
        "true",
        "true",
    },
    {
        "false",
        "false",
    },
    {
        "3 > 5 == false",
        "((3 > 5) == false)",
    },
    {
        "3 < 5 == true",
        "((3 < 5) == true)",
    },
// [...]
}
```

第二个是扩展 testLiteralExpression 辅助函数，并提供新的 testBooleanLiteral 函数，这样就可以在更多测试中测试布尔字面量了。

```go
// parser_test.go
func testLiteralExpression(
    t *testing.T,
    exp ast.Expression,
    expected interface{},
) bool {
    switch v := expected.(type) {
// [...]
    case bool:
        return testBooleanLiteral(t, exp, v)
    }
// [...]
}

func testBooleanLiteral(t *testing.T, exp ast.Expression, value bool) bool {
    bo, ok := exp.(*ast.Boolean)
    if !ok {
        t.Errorf("exp not *ast.Boolean. got=%T", exp)
        return false
    }

    if bo.Value != value {
        t.Errorf("bo.Value not %t. got=%t", value, bo.Value)
        return false
    }

    if bo.TokenLiteral() != fmt.Sprintf("%t", value) {
        t.Errorf("bo.TokenLiteral not %t. got=%s",
            value, bo.TokenLiteral())
```

```
            return false
        }

        return true
}
```

一切照旧，只是在 switch 语句中添加了一个 case，还添加了一个新的辅助函数。有了这些就能直接扩展 TestParsingInfixExpressions：

```
// parser/parser_test.go

func TestParsingInfixExpressions(t *testing.T) {
    infixTests := []struct {
        input      string
        leftValue  interface{}
        operator   string
        rightValue interface{}
    }{
// [...]
        {"true == true", true, "==", true},
        {"true != false", true, "!=", false},
        {"false == false", false, "==", false},
    }

    for _, tt := range infixTests {
// [...]
        if !testInfixExpression(t, stmt.Expression, tt.leftValue,
            tt.operator, tt.rightValue) {
            return
        }
    }
}
```

同样，只需在测试中添加新条目，就能轻松扩展 TestParsingPrefixExpressions：

```
// parser/parser_test.go

func TestParsingPrefixExpressions(t *testing.T) {
    prefixTests := []struct {
        input    string
        operator string
        value    interface{}
    }{
// [...]
        {"!true;", "!", true},
        {"!false;", "!", false},
    }
// [...]
}
```

现在是时候表扬自己了！我们实现了布尔字面量的解析，扩展了测试，扩大了测试范围，并为以后提供了更好的工具。做得好！

2.8.2 分组表达式

接下来将要看的是"沃恩·普拉特最大的绝招"。开个玩笑。实际上，只有我把用普拉特的方法解析分组表达式称为绝招，不过我认为完全可以这么称呼。在 Monkey 中，可以用括号给表达式分组以修改其优先级，从而影响表达式在上下文中求值的顺序。之前已经看到了典型的示例：

```
(5 + 5) * 2;
```

括号将 5 + 5 表达式组合在一起，赋予它们更高的优先级，放在 AST 中更高的位置。这样就能为该数学表达式确定正确的求值顺序。

现在你可能在想："求你别再说优先级了！我头疼！烦死了……"如果你考虑是否要跳到本章的结尾，别这样做，先看看下面的内容。

由于分组表达式没有单独的 AST 节点类型，因此此处不会为其编写单元测试。无须修改 AST 即可正确解析分组表达式！我们所要做的是扩展 TestOperatorPrecedenceParsing 测试函数，以确保括号能够对表达式进行分组，并影响最终 AST 的生成。

```go
// parser/parser_test.go

func TestOperatorPrecedenceParsing(t *testing.T) {
    tests := []struct {
        input    string
        expected string
    }{
// [...]
        {
            "1 + (2 + 3) + 4",
            "((1 + (2 + 3)) + 4)",
        },
        {
            "(5 + 5) * 2",
            "((5 + 5) * 2)",
        },
        {
            "2 / (5 + 5)",
            "(2 / (5 + 5))",
        },
        {
            "-(5 + 5)",
            "(-(5 + 5))",
        },
        {
            "!(true == true)",
            "(!(true == true))",
```

        },
    }
    // [...]
}
```

正如预期的那样，测试失败了：

```
$ go test ./parser
--- FAIL: TestOperatorPrecedenceParsing (0.00s)
  parser_test.go:531: parser has 3 errors
  parser_test.go:533: parser error: "no prefix parse function for ( found"
  parser_test.go:533: parser error: "no prefix parse function for ) found"
  parser_test.go:533: parser error: "no prefix parse function for + found"
FAIL
FAIL    monkey/parser    0.007s
```

下面是令人难以置信的部分。为了让测试通过，仅须添加以下内容：

```go
// parser/parser.go

func New(l *lexer.Lexer) *Parser {
// [...]
    p.registerPrefix(token.LPAREN, p.parseGroupedExpression)
// [...]
}

func (p *Parser) parseGroupedExpression() ast.Expression {
    p.nextToken()

    exp := p.parseExpression(LOWEST)

    if !p.expectPeek(token.RPAREN) {
        return nil
    }

    return exp
}
```

这样就完成了。测试通过，只要提高括号内部表达式的优先级就能通过测试。将词法单元类型与函数相关联的概念在这里确实很有用。以上就是所有分组表达式的内容，这些内容之前都见过。

这的确是一个巧妙的技巧，对吧？既然这样，那么就用这个魔法，继续前进。

2.8.3　if 表达式

与在其他编程语言中一样，在 Monkey 中也可以使用 if 和 else：
```

```
if (x > y) {
  return x;
} else {
  return y;
}
```

else 是可选的，可以省略：

```
if (x > y) {
  return x;
}
```

你对这些应该都很熟悉。但是在 Monkey 中，if-else 条件句是表达式。这意味着其中的语句会产生值，对于 if 表达式而言，是最后求值的代码产生值。因此这里不需要 return 语句：

```
let foobar = if (x > y) { x } else { y };
```

虽然 if-else 条件句的结构可能无须解释，但为了明确其中的术语，这里还是列出来了：

```
if (<条件>) <结果> else <可替代的结果>
```

尖括号围起来的"结果"和"可替代的结果"部分是块语句。块语句是由左大括号{开头，右大括号}结束的一系列语句，相当于 Monkey 中的多条语句。

到目前为止，我们的成功路线是：定义 AST 节点、编写测试、通过编写解析代码使测试通过、庆祝并表扬自己。这里依然如此。

下面是 ast.IfExpression 这个 AST 节点的定义：

```go
// ast/ast.go

type IfExpression struct {
    Token       token.Token // 'if'词法单元
    Condition   Expression
    Consequence *BlockStatement
    Alternative *BlockStatement
}

func (ie *IfExpression) expressionNode()      {}
func (ie *IfExpression) TokenLiteral() string { return ie.Token.Literal }
func (ie *IfExpression) String() string {
    var out bytes.Buffer

    out.WriteString("if")
    out.WriteString(ie.Condition.String())
    out.WriteString(" ")
    out.WriteString(ie.Consequence.String())
```

```go
    if ie.Alternative != nil {
        out.WriteString("else ")
        out.WriteString(ie.Alternative.String())
    }

    return out.String()
}
```

一切照旧。ast.IfExpression 实现了 ast.Expression 接口，并且有 3 个可以表示 if-else 条件句的字段。Condition 持有条件，可以是任何表达式；Consequence 和 Alternative 根据条件分别指向两种结果，不过它们使用了新的类型 ast.BlockStatement。如前所述，if-else 条件句的"结果"（consequence）和"可替代的结果"（alternative）是一系列的语句，所以用 ast.BlockStatement 表示：

```go
// ast/ast.go

type BlockStatement struct {
    Token      token.Token // '{'词法单元
    Statements []Statement
}

func (bs *BlockStatement) statementNode()       {}
func (bs *BlockStatement) TokenLiteral() string { return bs.Token.Literal }
func (bs *BlockStatement) String() string {
    var out bytes.Buffer

    for _, s := range bs.Statements {
        out.WriteString(s.String())
    }

    return out.String()
}
```

成功路线的下一步是添加测试。到这里，你应该知道怎么做了，测试跟之前的很像：

```go
// parser/parser_test.go

func TestIfExpression(t *testing.T) {
    input := `if (x < y) { x }`

    l := lexer.New(input)
    p := New(l)
    program := p.ParseProgram()
    checkParserErrors(t, p)

    if len(program.Statements) != 1 {
        t.Fatalf("program.Statements does not contain %d statements. got=%d\n",
```

```
            1, len(program.Statements))
    }

    stmt, ok := program.Statements[0].(*ast.ExpressionStatement)
    if !ok {
        t.Fatalf("program.Statements[0] is not ast.ExpressionStatement. got=%T",
            program.Statements[0])
    }

    exp, ok := stmt.Expression.(*ast.IfExpression)
    if !ok {
        t.Fatalf("stmt.Expression is not ast.IfExpression. got=%T",
            stmt.Expression)
    }

    if !testInfixExpression(t, exp.Condition, "x", "<", "y") {
        return
    }

    if len(exp.Consequence.Statements) != 1 {
        t.Errorf("consequence is not 1 statements. got=%d\n",
            len(exp.Consequence.Statements))
    }

    consequence, ok := exp.Consequence.Statements[0].(*ast.ExpressionStatement)
    if !ok {
        t.Fatalf("Statements[0] is not ast.ExpressionStatement. got=%T",
            exp.Consequence.Statements[0])
    }

    if !testIdentifier(t, consequence.Expression, "x") {
        return
    }

    if exp.Alternative != nil {
        t.Errorf("exp.Alternative.Statements was not nil. got=%+v", exp.Alternative)
    }
}
```

这里还添加了一个 TestIfElseExpression 测试函数，使用以下测试输入：

if (x < y) { x } **else** { y }

在 TestIfElseExpression 中，*ast.IfExpression 的 Alternative 字段中有一些附加的断言。这两个测试都对结果中*ast.IfExpression 节点的结构进行断言，并使用了辅助函数 testInfixExpression 和 testIdentifier 来保证其中的代码专注于处理条件本身，这么做还能确保语法分析器的其余部分也正确地集成了。

此时这两个测试均失败，显示出许多错误消息。不过这些都是很熟悉的消息：

```
$ go test ./parser
--- FAIL: TestIfExpression (0.00s)
  parser_test.go:659: parser has 3 errors
  parser_test.go:661: parser error: "no prefix parse function for IF found"
  parser_test.go:661: parser error: "no prefix parse function for { found"
  parser_test.go:661: parser error: "no prefix parse function for } found"
--- FAIL: TestIfElseExpression (0.00s)
  parser_test.go:659: parser has 6 errors
  parser_test.go:661: parser error: "no prefix parse function for IF found"
  parser_test.go:661: parser error: "no prefix parse function for { found"
  parser_test.go:661: parser error: "no prefix parse function for } found"
  parser_test.go:661: parser error: "no prefix parse function for ELSE found"
  parser_test.go:661: parser error: "no prefix parse function for { found"
  parser_test.go:661: parser error: "no prefix parse function for } found"
FAIL
FAIL    monkey/parser   0.007s
```

先来看第一个失败的测试 TestIfExpression。显然，这里需要为 token.IF 词法单元注册一个 prefixParseFn。

```
// parser/parser.go

func New(l *lexer.Lexer) *Parser {
// [...]
    p.registerPrefix(token.IF, p.parseIfExpression)
// [...]
}

func (p *Parser) parseIfExpression() ast.Expression {
    expression := &ast.IfExpression{Token: p.curToken}

    if !p.expectPeek(token.LPAREN) {
        return nil
    }

    p.nextToken()
    expression.Condition = p.parseExpression(LOWEST)

    if !p.expectPeek(token.RPAREN) {
        return nil
    }

    if !p.expectPeek(token.LBRACE) {
        return nil
    }

    expression.Consequence = p.parseBlockStatement()

    return expression
}
```

这里大量使用了 expectPeek，在其他解析函数中没有这么用，因为那些地方没有必要。expectPeek 用在这里更有意义。如果 p.peekToken 不是预期的类型，那么 expectPeek 会向语法分析器添加错误；如果是预期的类型，则 expectPeek 将通过调用 nextToken 方法来前移词法单元。这正是此处所需要的，也就是在 if 后面需要一个左括号(，然后跳过这个括号。表达式后面的右括号)也这么处理。最后遇到左大括号{，表示这是一个块语句的开头。

这个方法遵循了函数解析的协议，即前移足够数目的词法单元，使 parseBlockStatement 位于左大括号{的位置，此时 p.curToken 的类型为 token.LBRACE。下面是 parseBlockStatement 的代码：

```
// parser/parser.go

func (p *Parser) parseBlockStatement() *ast.BlockStatement {
    block := &ast.BlockStatement{Token: p.curToken}
    block.Statements = []ast.Statement{}

    p.nextToken()

    for !p.curTokenIs(token.RBRACE) && !p.curTokenIs(token.EOF) {
        stmt := p.parseStatement()
        if stmt != nil {
            block.Statements = append(block.Statements, stmt)
        }
        p.nextToken()
    }

    return block
}
```

parseBlockStatement 不断调用 parseStatement，直到遇见右大括号}或 token.EOF，前者表示到了块语句的末尾，后者表示没有要解析的词法单元了。如果是这种情况，那么无法成功解析块语句，因此可以停止循环，不再调用 parseStatement。

这看起来与顶层的 parseProgram 方法非常相似，在该方法中也反复调用 parseStatement，直到遇见表示"结束"的词法单元，在 ParseProgram 中就是 token.EOF 词法单元。虽然这算是重复写了一些代码，但没什么糟糕的影响，因此就这样了，让我们把注意力放在测试上：

```
$ go test ./parser
--- FAIL: TestIfElseExpression (0.00s)
  parser_test.go:659: parser has 3 errors
  parser_test.go:661: parser error: "no prefix parse function for ELSE found"
  parser_test.go:661: parser error: "no prefix parse function for { found"
  parser_test.go:661: parser error: "no prefix parse function for } found"
FAIL
FAIL    monkey/parser    0.007s
```

如期望的那样，TestIfExpression 测试通过了，但 TestIfElseExpression 没有。为了支持 if-else 条件句的 else 部分，需要检查其是否存在，如果存在则需要解析 else 后面的块语句：

```
// parser/parser.go

func (p *Parser) parseIfExpression() ast.Expression {
// [...]
    expression.Consequence = p.parseBlockStatement()

    if p.peekTokenIs(token.ELSE) {
        p.nextToken()

        if !p.expectPeek(token.LBRACE) {
            return nil
        }

        expression.Alternative = p.parseBlockStatement()
    }

    return expression
}
```

如上所示，这个方法的构造方式允许代码有可选的 else，没有 else 时也不会让语法分析器报错。语法分析器在分析了 consequence 块语句之后，会检查下一个词法单元是否是 token.ELSE 词法单元。注意，在 parseBlockStatement 的末尾，此时词法单元位于右大括号}这里。如果遇到 token.ELSE，则将词法单元前移两位。第一次调用 nextToken，是因为已经知道 p.peekToken 是 else。然后调用 expectPeek，因为下一个词法单元必须是块语句的左大括号，否则表示程序中有错误。

解析的时候很容易出现差一错误，即很容易忘记前移词法单元或错误地调用 nextToken。因此，有一个严格的协议来规定每个解析函数如何推进词法单元会很有效。好在我们的测试套件能够检测出这种错误，目前一切正常：

```
$ go test ./parser
ok      monkey/parser   0.007s
```

不得不说，我们又成功了。

2.8.4　函数字面量

你可能已经注意到，刚刚添加的 parseIfExpression 方法中的代码量比之前编写的 prefixParseFns 或 infixParseFns 要多。主要原因是这个方法必须处理许多不同的词法单元和表达式类型，甚至还要处理可选的 else 部分。接下来要解析的是函数字面量，这在难度和涉及的词法单元类型方面都与 parseIfExpression 相似。

在 Monkey 中，函数字面量是定义函数的方式，其中包括函数的参数及作用。函数字面量如下所示：

```
fn(x, y) {
  return x + y;
}
```

函数字面量以关键字 fn 开头，后跟一个参数列表，再后面跟一个块语句。块语句是函数的主体，调用函数时会执行块语句。函数字面量的抽象结构如下所示：

fn <参数列表> <块语句>

前面已经介绍了块语句及其解析方式。这里的新内容是参数，但解析起来并不难。参数列表只是用逗号分隔并用括号括起来的标识符列表：

(<参数 1>, <参数 2>, <参数 3>, ...)

参数列表也可以为空：

```
fn() {
  return foobar + barfoo;
}
```

这就是函数字面量的结构。它对应什么类型的 AST 节点？当然是表达式！能够使用表达式的地方就能使用函数字面量。例如下面这个函数字面量，它在 let 语句中充当表达式：

let myFunction = fn(x, y) { **return** x + y; }

而下面这个函数字面量，它在另一个函数字面量的 return 语句中充当表达式：

```
fn() {
  return fn(x, y) { return x > y; };
}
```

在调用另一个函数时，也可以使用函数字面量作为参数：

myFunc(x, y, fn(x, y) { return x > y; });

这听起来很复杂，但实际上并不难。Monkey 语法分析器的一大优点是，只要将函数字面量定义为表达式，那么再为其提供一个解析函数，其他部分就都没问题了。听起来很棒吧！

如前所述，函数字面量有两个主要部分，分别是参数列表和作为函数主体的块语句。因此定义 AST 节点时，只需处理这些内容就行了：

```go
// ast/ast.go

import (
// [...]
    "strings"
)

type FunctionLiteral struct {
    Token      token.Token // 'fn'词法单元
    Parameters []*Identifier
    Body       *BlockStatement
}

func (fl *FunctionLiteral) expressionNode()      {}
func (fl *FunctionLiteral) TokenLiteral() string { return fl.Token.Literal }
func (fl *FunctionLiteral) String() string {
    var out bytes.Buffer

    params := []string{}
    for _, p := range fl.Parameters {
        params = append(params, p.String())
    }

    out.WriteString(fl.TokenLiteral())
    out.WriteString("(")
    out.WriteString(strings.Join(params, ", "))
    out.WriteString(") ")
    out.WriteString(fl.Body.String())

    return out.String()
}
```

Parameters 字段是一个*ast.Identifier 切片，就这么简单。Body 就是*ast.BlockStatement，之前已经见过，也使用过。

下面是测试，其中再次使用了辅助函数 testLiteralExpression 和 testInfix-Expression：

```go
// parser/parser_test.go

func TestFunctionLiteralParsing(t *testing.T) {
    input := `fn(x, y) { x + y; }`

    l := lexer.New(input)
    p := New(l)
    program := p.ParseProgram()
    checkParserErrors(t, p)

    if len(program.Statements) != 1 {
        t.Fatalf("program.Statements does not contain %d statements. got=%d\n",
            1, len(program.Statements))
```

```
    }

    stmt, ok := program.Statements[0].(*ast.ExpressionStatement)
    if !ok {
        t.Fatalf("program.Statements[0] is not ast.ExpressionStatement. got=%T",
            program.Statements[0])
    }

    function, ok := stmt.Expression.(*ast.FunctionLiteral)
    if !ok {
        t.Fatalf("stmt.Expression is not ast.FunctionLiteral. got=%T",
            stmt.Expression)
    }

    if len(function.Parameters) != 2 {
        t.Fatalf("function literal parameters wrong. want 2, got=%d\n",
            len(function.Parameters))
    }

    testLiteralExpression(t, function.Parameters[0], "x")
    testLiteralExpression(t, function.Parameters[1], "y")

    if len(function.Body.Statements) != 1 {
        t.Fatalf("function.Body.Statements has not 1 statements. got=%d\n",
            len(function.Body.Statements))
    }

    bodyStmt, ok := function.Body.Statements[0].(*ast.ExpressionStatement)
    if !ok {
        t.Fatalf("function body stmt is not ast.ExpressionStatement. got=%T",
            function.Body.Statements[0])
    }

    testInfixExpression(t, bodyStmt.Expression, "x", "+", "y")
}
```

这个测试包含 3 个主要部分：检查 *ast.FunctionLiteral 是否存在；检查参数列表是否正确；确保函数主体包含正确的语句。最后一部分不是必需的，因为之前在测试 IfExpressions 时已经测试了对块语句的解析。但重复一些测试断言也没问题，如果函数字面量中的块语句解析失败，就会发出警告。

由于只定义了 ast.FunctionLiteral，而没有修改语法分析器，因此测试会失败：

```
$ go test ./parser
--- FAIL: TestFunctionLiteralParsing (0.00s)
 parser_test.go:755: parser has 6 errors
 parser_test.go:757: parser error: "no prefix parse function for FUNCTION found"
 parser_test.go:757: parser error: "expected next token to be ), got , instead"
 parser_test.go:757: parser error: "no prefix parse function for , found"
 parser_test.go:757: parser error: "no prefix parse function for ) found"
```

```
parser_test.go:757: parser error: "no prefix parse function for { found"
parser_test.go:757: parser error: "no prefix parse function for } found"
FAIL
FAIL    monkey/parser   0.007s
```

很明显，需要为 token.FUNCTION 词法单元注册一个新的 prefixParseFn。

```
// parser/parser.go

func New(l *lexer.Lexer) *Parser {
// [...]
    p.registerPrefix(token.FUNCTION, p.parseFunctionLiteral)
// [...]
}

func (p *Parser) parseFunctionLiteral() ast.Expression {
    lit := &ast.FunctionLiteral{Token: p.curToken}

    if !p.expectPeek(token.LPAREN) {
        return nil
    }

    lit.Parameters = p.parseFunctionParameters()

    if !p.expectPeek(token.LBRACE) {
        return nil
    }

    lit.Body = p.parseBlockStatement()

    return lit
}
```

用来解析函数字面量参数的 parseFunctionParameters 方法如下所示：

```
// parser/parser.go

func (p *Parser) parseFunctionParameters() []*ast.Identifier {
    identifiers := []*ast.Identifier{}

    if p.peekTokenIs(token.RPAREN) {
        p.nextToken()
        return identifiers
    }

    p.nextToken()

    ident := &ast.Identifier{Token: p.curToken, Value: p.curToken.Literal}
    identifiers = append(identifiers, ident)

    for p.peekTokenIs(token.COMMA) {
        p.nextToken()
```

```
        p.nextToken()
        ident := &ast.Identifier{Token: p.curToken, Value: p.curToken.Literal}
        identifiers = append(identifiers, ident)
    }

    if !p.expectPeek(token.RPAREN) {
        return nil
    }

    return identifiers
}
```

这才是问题的核心。parseFunctionParameters 通过遍历以逗号分隔的参数列表，用所得的元素构建标识符，然后将这些标识符添加到参数切片中。如果参数列表为空则提前退出。该函数能妥善处理不同长度的参数列表。

对于这样的方法，有必要添加一组测试来检查各种边界情形，比如空参数列表、只有一个参数的列表和含有多个参数的列表：

```
// parser/parser_test.go

func TestFunctionParameterParsing(t *testing.T) {
    tests := []struct {
        input          string
        expectedParams []string
    }{
        {input: "fn() {};", expectedParams: []string{}},
        {input: "fn(x) {};", expectedParams: []string{"x"}},
        {input: "fn(x, y, z) {};", expectedParams: []string{"x", "y", "z"}},
    }

    for _, tt := range tests {
        l := lexer.New(tt.input)
        p := New(l)
        program := p.ParseProgram()
        checkParserErrors(t, p)

        stmt := program.Statements[0].(*ast.ExpressionStatement)
        function := stmt.Expression.(*ast.FunctionLiteral)

        if len(function.Parameters) != len(tt.expectedParams) {
            t.Errorf("length parameters wrong. want %d, got=%d\n",
                len(tt.expectedParams), len(function.Parameters))
        }

        for i, ident := range tt.expectedParams {
            testLiteralExpression(t, function.Parameters[i], ident)
        }
    }
}
```

这两个测试函数都通过了：

```
$ go test ./parser
ok      monkey/parser   0.007s
```

函数字面量大功告成！开心！在学完语法分析器之后，开始介绍 AST 的求值之前，还有最后一件事要做。

2.8.5　调用表达式

了解如何解析函数字面量之后，下一步来看解析函数的调用，即调用表达式。它的结构如下所示：

<表达式>(<以逗号分隔的表达式列表>)

是的，就是这么简单。为了确保解释清楚，这里依然展示一些示例。下面是一个常见的调用表达式：

```
add(2, 3)
```

现在分析一下，add 是一个标识符，而标识符就是表达式。参数 2 和 3 也是表达式，它们是整数字面量，相当于一种特定情形。参数实际上是一个表达式列表：

```
add(2 + 2, 3 * 3 * 3)
```

这也是有效的。第一个参数是中缀表达式 2 + 2，第二个参数是 3 * 3 * 3。这还比较容易理解。现在来看一下此处要调用的函数。在这个示例中，函数绑定给标识符 add，所以在标识符 add 完成求值后就会返回这个函数。也就是说，可以跳过标识符直接进入源代码，具体来说就是将 add 替换为函数字面量：

```
fn(x, y) { x + y; }(2, 3)
```

这样是可以的。函数字面量还可以用作参数：

```
callsFunction(2, 3, fn(x, y) { x + y; });
```

再来看一下调用表达式的结构：

<表达式>(<以逗号分隔的表达式列表>)

调用表达式包含一个表达式和一个表达式列表。表达式在求值后会得到一个函数，而表达式列表是该函数的调用参数。AST 节点如下所示：

```
// ast/ast.go

type CallExpression struct {
    Token     token.Token // '('词法单元
    Function  Expression  // 标识符或函数字面量
    Arguments []Expression
```

```go
}

func (ce *CallExpression) expressionNode()      {}
func (ce *CallExpression) TokenLiteral() string { return ce.Token.Literal }
func (ce *CallExpression) String() string {
    var out bytes.Buffer

    args := []string{}
    for _, a := range ce.Arguments {
        args = append(args, a.String())
    }

    out.WriteString(ce.Function.String())
    out.WriteString("(")
    out.WriteString(strings.Join(args, ", "))
    out.WriteString(")")

    return out.String()
}
```

调用表达式的测试用例与测试套件的其他部分一样,其中含有对*ast.CallExpression结构的断言:

```go
// parser/parser_test.go
func TestCallExpressionParsing(t *testing.T) {
    input := "add(1, 2 * 3, 4 + 5);"

    l := lexer.New(input)
    p := New(l)
    program := p.ParseProgram()
    checkParserErrors(t, p)

    if len(program.Statements) != 1 {
        t.Fatalf("program.Statements does not contain %d statements. got=%d\n",
            1, len(program.Statements))
    }

    stmt, ok := program.Statements[0].(*ast.ExpressionStatement)
    if !ok {
        t.Fatalf("stmt is not ast.ExpressionStatement. got=%T",
            program.Statements[0])
    }

    exp, ok := stmt.Expression.(*ast.CallExpression)
    if !ok {
        t.Fatalf("stmt.Expression is not ast.CallExpression. got=%T",
            stmt.Expression)
    }

    if !testIdentifier(t, exp.Function, "add") {
        return
```

```
    }

    if len(exp.Arguments) != 3 {
        t.Fatalf("wrong length of arguments. got=%d", len(exp.Arguments))
    }

    testLiteralExpression(t, exp.Arguments[0], 1)
    testInfixExpression(t, exp.Arguments[1], 2, "*", 3)
    testInfixExpression(t, exp.Arguments[2], 4, "+", 5)
}
```

与函数字面量及其参数解析一样，为此处的参数解析添加单独的测试也是一个好主意，可以确保这个测试覆盖各种边界情形，且在这些情形下也能正常运行。因此，我在代码中添加了一个 TestCallExpressionParameterParsing 测试函数。可以在本章的 code 文件夹中查看这个测试函数。

以上都是熟悉的内容，但马上就出现了转折。如果运行测试，则会收到以下错误消息：

```
$ go test ./parser
--- FAIL: TestCallExpressionParsing (0.00s)
  parser_test.go:853: parser has 4 errors
  parser_test.go:855: parser error: "expected next token to be ), got , instead"
  parser_test.go:855: parser error: "no prefix parse function for , found"
  parser_test.go:855: parser error: "no prefix parse function for , found"
  parser_test.go:855: parser error: "no prefix parse function for ) found"
FAIL
FAIL    monkey/parser   0.007s
```

这些内容容易让人感到困惑，为什么错误消息里没有提示要为调用表达式注册 prefixParseFn 呢？这是因为在调用表达式中**并没有新的词法单元类型**。那么除了注册 prefixParseFn，真正要做的是什么呢？来看下面这行代码：

```
add(2, 3);
```

add 是由 prefixParseFn 解析的标识符。之后是一个 token.LPAREN，此时左括号位于标识符和参数列表之间，相当于在中缀位置。这意味着需要为 token.LPAREN 注册一个 infixParseFn，这样就可以解析函数表达式了（无论它是标识符还是函数字面量）。然后检查与 token.LPAREN 关联的 infixParseFn，使用已解析的表达式作为参数来调用它。最后在这个 infixParseFn 中解析参数列表。完美！

```
// parser/parser.go

func New(l *lexer.Lexer) *Parser {
// [...]
    p.registerInfix(token.LPAREN, p.parseCallExpression)
// [...]
```

```go
}

func (p *Parser) parseCallExpression(function ast.Expression) ast.Expression {
    exp := &ast.CallExpression{Token: p.curToken, Function: function}
    exp.Arguments = p.parseCallArguments()
    return exp
}

func (p *Parser) parseCallArguments() []ast.Expression {
    args := []ast.Expression{}

    if p.peekTokenIs(token.RPAREN) {
        p.nextToken()
        return args
    }

    p.nextToken()
    args = append(args, p.parseExpression(LOWEST))

    for p.peekTokenIs(token.COMMA) {
        p.nextToken()
        p.nextToken()
        args = append(args, p.parseExpression(LOWEST))
    }

    if !p.expectPeek(token.RPAREN) {
        return nil
    }

    return args
}
```

parseCallExpression 接受已解析的函数作为参数，并用它来构造一个 *ast.CallExpression 节点。为了解析参数列表，需要调用 parseCallArguments。这个函数看起来与 parseFunctionParameters 极为相似，不同之处在于 parseCallArguments 更通用，而且返回的是 ast.Expression，而不是 *ast.Identifier。

这里的内容之前都见过。我们所做的就是注册了一个新的 infixParseFn。再次运行，测试仍然失败：

```
$ go test ./parser
--- FAIL: TestCallExpressionParsing (0.00s)
  parser_test.go:853: parser has 4 errors
  parser_test.go:855: parser error: "expected next token to be ), got , instead"
  parser_test.go:855: parser error: "no prefix parse function for , found"
  parser_test.go:855: parser error: "no prefix parse function for , found"
  parser_test.go:855: parser error: "no prefix parse function for ) found"
FAIL
FAIL    monkey/parser   0.007s
```

测试之所以仍然失败,是因为 add(1, 2)中的左括号(现在起着中缀运算符的作用,但这个左括号还没有优先级。它没有恰当的"黏性",因此 parseExpression 不会返回预期的内容。调用表达式应该具有最高的优先级,因此需要修改优先级表:

```
// parser/parser.go

var precedences = map[token.TokenType]int{
// [...]
    token.LPAREN: CALL,
}
```

为了确保调用表达式具有最高优先级,可以扩展 TestOperatorPrecedenceParsing 测试函数:

```
// parser/parser_test.go

func TestOperatorPrecedenceParsing(t *testing.T) {
    tests := []struct {
        input    string
        expected string
    }{
// [...]
        {
            "a + add(b * c) + d",
            "((a + add((b * c))) + d)",
        },
        {
            "add(a, b, 1, 2 * 3, 4 + 5, add(6, 7 * 8))",
            "add(a, b, 1, (2 * 3), (4 + 5), add(6, (7 * 8)))",
        },
        {
            "add(a + b + c * d / f + g)",
            "add((((a + b) + ((c * d) / f)) + g))",
        },
    }
// [...]
}
```

如果现在再次运行测试,可以看到所有测试都通过了:

```
$ go test ./parser
ok      monkey/parser   0.008s
```

单元测试、参数解析测试和优先级测试都通过了!除此之外,还有一个好消息,那就是语法分析器已经完工了。我们在后面的章节中还会回过头来再次扩展语法分析器,不过现在语法分析器已经告一段落。我们完整定义了 AST,语法分析器也可以正常运行,是时候进入求值这个主题了。

不过在此之前,先来删除代码中遗留的 TODO,并扩展 REPL 以集成语法分析器。

2.8.6 删除 TODO

在编写解析 let 语句和 return 语句的代码时,我们跳过了对表达式的处理,在代码中留了 TODO:

```
// parser/parser.go

func (p *Parser) parseLetStatement() *ast.LetStatement {
    stmt := &ast.LetStatement{Token: p.curToken}

    if !p.expectPeek(token.IDENT) {
        return nil
    }

    stmt.Name = &ast.Identifier{Token: p.curToken, Value: p.curToken.Literal}

    if !p.expectPeek(token.ASSIGN) {
        return nil
    }

    // TODO: 跳过对表达式的处理,直到遇见分号
    for !p.curTokenIs(token.SEMICOLON) {
        p.nextToken()
    }

    return stmt
}
```

parseReturnStatement 中也有相同的 TODO。是时候删除这些 TODO 了。首先,需要扩展现有的测试,以确保 let 语句或 return 语句中含有这些被分析的表达式。这需要使用辅助函数和不同的表达式类型,辅助函数能让我们把注意力集中在测试本身。如果测试通过,就能知道 parseExpression 已正确集成。

以下是 TestLetStatements 函数:

```
// parser/parser_test.go

func TestLetStatements(t *testing.T) {
    tests := []struct {
        input              string
        expectedIdentifier string
        expectedValue      interface{}
    }{
        {"let x = 5;", "x", 5},
        {"let y = true;", "y", true},
        {"let foobar = y;", "foobar", "y"},
    }

    for _, tt := range tests {
        l := lexer.New(tt.input)
```

```
        p := New(l)
        program := p.ParseProgram()
        checkParserErrors(t, p)

        if len(program.Statements) != 1 {
            t.Fatalf("program.Statements does not contain 1 statements. got=%d",
                len(program.Statements))
        }

        stmt := program.Statements[0]
        if !testLetStatement(t, stmt, tt.expectedIdentifier) {
            return
        }

        val := stmt.(*ast.LetStatement).Value
        if !testLiteralExpression(t, val, tt.expectedValue) {
            return
        }
    }
}
```

TestReturnStatements 也需要执行相同的操作。修改很简单，因为之前做过。我们需要做的是，在 parseReturnStatement 和 parseLetStatement 中连上 parse-Expression，还需要处理可选的分号，这在 parseExpressionStatement 中已经介绍过。更新之后的最终版本 parseReturnStatement 和 parseLetStatement 如下：

```
// parser/parser.go

func (p *Parser) parseReturnStatement() *ast.ReturnStatement {
    stmt := &ast.ReturnStatement{Token: p.curToken}

    p.nextToken()

    stmt.ReturnValue = p.parseExpression(LOWEST)

    if p.peekTokenIs(token.SEMICOLON) {
        p.nextToken()
    }

    return stmt
}

func (p *Parser) parseLetStatement() *ast.LetStatement {
    stmt := &ast.LetStatement{Token: p.curToken}

    if !p.expectPeek(token.IDENT) {
        return nil
    }

    stmt.Name = &ast.Identifier{Token: p.curToken, Value: p.curToken.Literal}
```

```
    if !p.expectPeek(token.ASSIGN) {
        return nil
    }

    p.nextToken()

    stmt.Value = p.parseExpression(LOWEST)

    if p.peekTokenIs(token.SEMICOLON) {
        p.nextToken()
    }

    return stmt
}
```

这样就从代码中删除了所有的 TODO。让我们用测试检验一下这个语法分析器。

2.9 RPPL

到目前为止，我们的 REPL 更像是 RLPL，即 Read-Lex-Print Loop（读取–词法分析–打印循环）。现在还没有介绍如何对代码求值，因此还无法将"词法分析"（Lex）替换为"求值"（Evaluate）。不过目前已经介绍了语法分析，因此可以将"词法分析"（Lex）替换为"语法分析"（Parse）来构建一个 RPPL。

```
// repl/repl.go

import (
    "bufio"
    "fmt"
    "io"
    "monkey/lexer"
    "monkey/parser"
)

func Start(in io.Reader, out io.Writer) {
    scanner := bufio.NewScanner(in)

    for {
        fmt.Fprintf(out, PROMPT)
        scanned := scanner.Scan()
        if !scanned {
            return
        }

        line := scanner.Text()
        l := lexer.New(line)
        p := parser.New(l)
```

```
            program := p.ParseProgram()
            if len(p.Errors()) != 0 {
                printParserErrors(out, p.Errors())
                continue
            }

            io.WriteString(out, program.String())
            io.WriteString(out, "\n")
        }
    }

    func printParserErrors(out io.Writer, errors []string) {
        for _, msg := range errors {
            io.WriteString(out, "\t"+msg+"\n")
        }
    }
```

这里扩展了循环，用来解析在 REPL 中输入的代码。然后语法分析器的输出 `*ast.Program` 会通过调用其 `String` 方法来打印，该方法将递归调用程序中所有语句的 `String` 方法。现在可以在命令行上以交互方式运行语法分析器：

```
$ go run main.go
Hello mrnugget! This is the Monkey programming language!
Feel free to type in commands
>> let x = 1 * 2 * 3 * 4 * 5
let x = ((((1 * 2) * 3) * 4) * 5);
>> x * y / 2 + 3 * 8 - 123
((((x * y) / 2) + (3 * 8)) - 123)
>> true == false
(true == false)
>>
```

很棒！除了调用 `String`，此时还可以输出各种字符串形式的 AST。比如，可以添加一个 `PrettyPrint` 方法，打印 AST 节点的类型并正确缩进其子节点，或者使用 ASCII 颜色代码显示不同的颜色，还可以打印 ASCII 图表。你可以任意发挥想象力。

但是这个 RPPL 仍然有很大的不足。当语法分析器遇到错误时会显示下面这样的信息：

```
$ go run main.go
Hello mrnugget! This is the Monkey programming language!
Feel free to type in commands
>> let x 12 * 3;
        expected next token to be =, got INT instead
>>
```

这样的报错消息还不够好。虽然它反馈了问题，但其实还可以反馈得更详细。Monkey 语言值得精雕细琢。下面是一个对用户更加友好的 `printParserErrors` 函数，可以增强用户体验：

```
// repl/repl.go

const MONKEY_FACE = `            __,__
   .--.  .-"     "-.  .--.
  / .. \/  .-. .-.  \/ .. \
 | |  '|  /   Y   \  |'  | |
 | \   \  \ 0 | 0 /  /   / |
  \ '- ,\.-"""""""-./, -' /
   ''-' /_   ^ ^   _\ '-''
       |  \._   _./  |
       \   \ '~' /   /
        '._ '-=-' _.'
           '-----'
`

func printParserErrors(out io.Writer, errors []string) {
    io.WriteString(out, MONKEY_FACE)
    io.WriteString(out, "Woops! We ran into some monkey business here!\n")
    io.WriteString(out, " parser errors:\n")
    for _, msg := range errors {
        io.WriteString(out, "\t"+msg+"\n")
    }
}
```

现在好多了。如果遇到任何语法分析器错误,就会看到一只猴子,没想到吧?

```
$ go run main.go
Hello mrnugget! This is the Monkey programming language!
Feel free to type in commands
>> let x 12 * 3
            __,__
   .--.  .-"     "-.  .--.
  / .. \/  .-. .-.  \/ .. \
 | |  '|  /   Y   \  |'  | |
 | \   \  \ 0 | 0 /  /   / |
  \ '- ,\.-"""""""-./, -' /
   ''-' /_   ^ ^   _\ '-''
       |  \._   _./  |
       \   \ '~' /   /
        '._ '-=-' _.'
           '-----'
Woops! We ran into some monkey business here!
 parser errors:
        expected next token to be =, got INT instead
>>
```

再三思索后,我发现没有任何遗漏的内容了。现在是时候对 AST 进行求值了。

第 3 章

求　　值

3.1　为符号赋予含义

终于到了求值（evaluation）这一步。REPL 中的 E 表示"求值"，是解释器处理源代码过程的最后一步。代码经过求值后才会变得有意义。如果不进行求值，那么类似 1 + 2 的表达式转换后也只是一组字符、一组词法单元或一个树结构，并没有含义。经过求值，1 + 2 会得到 3；5 > 1 得到 true；5 < 1 得到 false；而 puts("Hello World!")则能输出一条众所周知的问候语。

解释器的求值过程决定了一门编程语言的解释方式。

```
let num = 5;
if (num) {
  return a;
} else {
  return b;
}
```

举例来说，解释器的求值过程决定了上面的代码会返回 a 还是 b，这个过程会分析整数 5 是否是真值。在某些语言中，整数 5 是真值，可以直接使用；而在其他语言中，需要使用 5 != 0 这样的表达式来生成布尔值。

来看下面的代码：

```
let one = fn() {
  printLine("one");
  return 1;
};

let two = fn() {
  printLine("two");
  return 2;
};

add(one(), two());
```

这里可能会先输出 one 再输出 two，也可能相反，具体取决于语言规范，而最终由解释器的实现（也就是调用表达式中参数的求值顺序）决定。

本章中有许多这样的小抉择。这些抉择决定了 Monkey 的工作方式，以及解释器对 Monkey 源代码的求值方式。

之前我说过编写语法分析器很有趣，你也许对此将信将疑。相信我，求值绝对是其中最有趣的部分。这是 Monkey 语言得以实现的地方，源代码在这里焕发出活力。

3.2 求值策略

在各种解释器实现中，无论针对的是什么语言，求值都是差异最大的地方。源代码求值可以采用很多不同的策略。本书开头已经暗示了这一点，当时简要介绍了不同的解释器体系结构。而学到现在，我们得到了 AST，那么如何对这棵树进行处理及求值就非常重要了，因此有必要再次审视各种策略。

不过在开始之前，还是要再次提醒一下，解释器和编译器之间的界线比较模糊。从概念上来说，解释器不会生成可执行文件，与之相反，编译器会。但现实世界里高度优化的编程语言实现中并没有这么清晰的界定。

基于这些分析，解释执行 AST 就是最直观、最传统的方式。具体来说是遍历 AST，访问每个节点并执行该节点的语义，比如打印字符串、添加两个数字、执行函数的主体等，这些都是实时进行的。以这种方式工作的解释器称为"树遍历解释器"，是最典型的解释器。有时在求值步骤之前，解释器会进行少量优化，包括重写 AST（例如删除未使用的变量绑定）或将其转换为更适合递归和重复求值的另一个中间表示（IR）。

其他类型的解释器也会遍历 AST，但不是解释 AST 本身，而是先将其转换为字节码再解释。字节码是 AST 的另一种中间表示，信息密度比 AST 高。各个解释器的字节码格式及其操作码（构成字节码的指令）各不相同，这取决于解释器本身及其所实现的宿主编程语言。通常操作码与大多数汇编语言的助记符非常相似。一般来说，大多数字节码定义包含用于 push 和 pop 执行栈操作的操作码。但是字节码不是本地机器代码，也不是汇编语言。它无法在解释器所处的计算机操作系统中和 CPU 上运行，而是由解释器中的虚拟机解释执行的。例如，VMWare 和 VirtualBox 虚拟机模拟的是真实的计算机和 CPU，而解释器中的虚拟机模拟的是可以理解特定字节码格式的计算机。与直接解释 AST 相比，这种方式的性能更好。

还有一种策略则完全不涉及 AST。具体来说是语法分析器不构建 AST，而是直接生成字节码。如果是这样的话，那么现在讨论的是解释器还是编译器呢？生成并解释（或执行）字节码不就是一种形式的编译吗？之前说了，编译和解释之间的界限很模糊。有些情况下更加模糊，比如某些编程语言的实现会解析源代码，构建 AST 并将其转换为字节码。在执行之前，虚拟机会**即时**将字节码编译为机器代码，而不是直接在虚拟机中执行字节码指定的操作。这就是所谓的 JIT（Just in Time）解释器/编译器。

另外，有些解释器不会生成字节码，而是递归地遍历 AST。在执行某个特定分支之前，节点会被编译成本地机器代码，然后"即时"执行这些机器代码。

有一种稍作修改的解释模式会混合这两种方式，其中解释器对 AST 递归求值，只有在 AST 的特定分支多次求值之后，才将这个分支编译为机器代码。

很神奇吧？求值方式多种多样，且各有千秋。

选择哪种策略主要取决于对性能和可移植性的要求、所要解释的编程语言类型，以及要完成到什么程度。递归求值 AST 的树遍历解释器可能是所有方法中最慢的一种，但其易于构建、扩展和总结归纳，并且能使用宿主语言的地方就能使用它。

如果解释器能够生成字节码，并使用虚拟机来求值，那么速度会快很多。但这也更复杂、更难构建。而要添加用 JIT 编译成机器代码的功能，则需要支持多种机器架构，这样才能让解释器在 ARM 和 x86 CPU 上运行。

所有这些方法都可以在现实世界的编程语言中找到。大多数情况下，编程语言所选择的方法会随其生命周期而变化。Ruby 解释器是一个很好的例子。在 1.8 版本及之前的版本中，其解释器是一个树遍历解释器，即一边遍历一边执行 AST。但是 1.9 版本切换到了虚拟机架构。现在 Ruby 解释器能解析源代码、构建 AST 并将其编译为字节码，最后在虚拟机中执行字节码，性能得到了大幅提高。

WebKit 的 JavaScript 引擎 JavaScriptCore 及其名为 Squirrelfish 的解释器之前使用的也是遍历 AST 并直接执行的方式，之后在 2008 年切换到虚拟机和解释字节码的方式。现在这个引擎的 JIT 编译有 4 个阶段，分别用于所解释程序生命周期的不同阶段，在程序需要提升性能的地方启动。

另一个例子是 Lua。Lua 编程语言的主要实现最初是解释器，该解释器能生成字节码并在基于寄存器的虚拟机中执行字节码。在该语言首次发布的 12 年后，诞生了另一种实现：LuaJIT。LuaJIT 的创建者 Mike Pall 的目标很明确，那就是创建最快的 Lua 实现。他做到了，方法是使用 JIT 将紧凑的字节码格式编译为针对不同体系结构且高度优化的机器代码。这样 LuaJIT 在所有基准测试中均击败了原来的 Lua 实现，而且提升不是一点点，有时会快 50 倍。

也就是说，许多解释器刚诞生时很小，有很大的改进余地，而这正是我们要做的。有很多方法构建速度很快的解释器，但这样的解释器未必容易理解。这里的目的是学习和理解一个解释器，并能在此基础上继续前进。

3.3 树遍历解释器

我们将要构建一个树遍历解释器。也就是说，我们会使用语法分析器构建的 AST，直接解释它，不经过任何预处理或编译步骤。

这个解释器将非常像经典的 Lisp 解释器。所使用的设计在很大程度上受《计算机程序的构造和解释》（SICP）中介绍的解释器的启发，特别是其对环境的使用。这不是说单纯复制某个特定的解释器，而是使用同一种基本架构。细心一点的话，你可以从许多解释器中看到这种架构。这种特定架构盛行的理由很充分：入门最简单，易于理解且之后可以扩展。

这里实际上只需要两项内容：一是基于树遍历的求值器，二是在宿主语言 Go 中表示 Monkey 的值。求值器听上去是一个很复杂的程序，但实际上它只是一个名为 `eval` 的函数，其工作是对 AST 求值。下面是一个伪代码版本，用于说明在解释的时候，"即时求值"和"树遍历"到底是什么意思：

```
function eval(astNode) {
  if (astNode is integerliteral) {
    return astNode.integerValue

  } else if (astNode is booleanLiteral) {
    return astNode.booleanValue

  } else if (astNode is infixExpression) {

    leftEvaluated = eval(astNode.Left)
    rightEvaluated = eval(astNode.Right)

    if astNode.Operator == "+" {
      return leftEvaluated + rightEvaluated
    } else if ast.Operator == "-" {
      return leftEvaluated - rightEvaluated
    }
  }
}
```

从中可以看到，`eval` 是递归的。当 `astNode is infixExpression` 为真时，`eval`

会再次调用其自身两次，以计算中缀表达式左右的操作数。这两次调用可能会引起其他的求值，如计算其他的中缀表达式、整数字面量、布尔字面量或标识符。之前在构建和测试 AST 时已经用到过递归，这里同样用到了递归的概念，不过现在是对 AST 求值，而不是构建 AST。

观察这段伪代码，可以看出这个函数很容易扩展。这是一个优势。后面我们将逐步构建自己的 Eval 函数，并在扩展解释器的过程中添加新的分支和功能。

这段代码中最有趣的是 return 语句，其返回的内容值得深入研究。下面两行代码将调用 eval 的返回值绑定到了相应的名称上：

```
leftEvaluated = eval(astNode.Left)
rightEvaluated = eval(astNode.Right)
```

这里的 eval 返回什么？返回值是哪种类型？这些问题等同于"Monkey 解释器将使用什么样的内部对象系统"。

3.4 表示对象

"等一下，你从没说过 Monkey 是面向对象的！"是的，我没说过，而且 Monkey 也不是面向对象的。**那么为什么需要对象系统？**对象系统也可以称为"值系统"或"对象表示方法"。这里的重点是，需要为 eval 函数所返回的内容添加一个定义。也就是说，我们需要一个系统，用来表示 AST 的值或表示在内存中对 AST 求值时生成的值。

假设正在对以下 Monkey 代码求值：

```
let a = 5;
// [...]
a + a;
```

可以看到，整数字面量 5 绑定到了名称 a 上，然后进行了一些操作。操作是什么并不重要，重要的是对 a + a 表达式求值时，需要访问绑定到 a 的值。也就是说，为了对 a + a 求值，需要获取数值 5。这在 AST 中由*ast.IntegerLiteral 表示，但是在对 AST 其他部分求值的时候，如何跟踪并表示这个 5 呢？

在所解释的语言中，有许多不同的方式可以构建值的内部表示。在已有的各种解释器和编译器的代码库中，可以看到许多优秀的方式。每个解释器都有各自的值表示方式，这些方式都是在前人的基础上，根据解释语言的要求，做了些修改。

有些编程语言使用宿主语言的原生类型（整数、布尔值等）来表示所解释语言中的值，不用任何封装；有些编程语言使用指针表示值或对象；还有些编程语言混合使用原生类型和指针。

为什么有这些不同？首先是因为宿主语言不同，所解释语言的字符串表示方式取决于实现解释器的语言如何表示字符串。比如，使用 Ruby 编写的解释器中，表示字符串的方式与使用 C 编写的解释器不同。

除了宿主语言，所解释的语言也会造成差异。有些解释的语言可能只需要原始数据类型的表示形式，例如整数、字符或字节。但另一些解释的语言则需要列表、字典、函数或复合数据类型。以上差异造成各解释的语言在值的表示方式上有不同的需求。

除了宿主语言和所解释语言，对于值表示方式的设计和实现，最大的影响因素是求值程序的执行速度和内存消耗。如果想构建一个快速的解释器，使用缓慢而臃肿的对象系统肯定不行。而且如果要编写自己的垃圾回收器，则需要考虑如何跟踪系统中的值。但如果不关心性能，那么可以先让解释器保持简单且易于理解，直到遇到其他需求。

这里的重点在于，在宿主语言中表示所解释语言的值的方法有很多。了解这些不同表示形式的最佳方法（也许是唯一方法）是切实地阅读一些流行解释器的源代码。我衷心推荐阅读 Wren 项目的源代码，其中有两种方式来表示值，用户可以通过设置 WREN_NAN_TAGGING 来选择使用哪一种。

除了在宿主语言内部表示值之外，还有一个问题，那就是如何向所解释语言的用户公开这些值及其表示。换句话说，这些值应该提供什么样的"公共 API"？

例如，Java 为用户提供了**原始数据类型**（int、byte、short、long、float、double、boolean、char）和引用类型。在 Java 实现中，原始数据类型与其对应的原生类型密切相关，没有过多封装。而引用类型则用于表示 Java 在宿主语言中定义的复合数据结构。

在 Ruby 中，用户无权访问**原始数据类型**，不存在原生类型，一切皆为对象，所有的值都封装到了内部表示中。在 Ruby 内部，Pizza 类的 byte 和实例都是值类型，只是封装的值不同。

向编程语言用户公开数据的方法有很多。选择哪种方法取决于语言的设计和性能要求。如果不关心性能，那么一切都很简单。但如果在乎性能，则在实现时需要做出一些取舍。

3.4.1 对象系统的基础

由于目前对 Monkey 解释器的性能并没有什么要求，因此我们选择了简单的方法，也就是在对 Monkey 源代码求值时，每个遇到的值都会用 Object 表示。这个 Object 是为 Monkey 设计的接口。具体来说，所有的值都会封装到一个符合 Object 接口的结构体中。

让我们新建一个 object 包，在其中定义 Object 接口和 ObjectType 类型：

```
// object/object.go

package object

type ObjectType string

type Object interface {
    Type() ObjectType
    Inspect() string
}
```

非常简单，看起来很像之前在 token 包中定义的 Token 和 TokenType 类型。区别在于 Token 是结构体，而 Object 的类型是接口。这是因为每个值都需要不同的内部表示形式，用接口可以指代不同的结构体类型，这比在一个结构体内添加许多不同的字段要简洁。

目前，Monkey 解释器中只有 3 种数据类型，分别是空值、布尔值和整数。先从实现整数的表示开始，逐步建立对象系统。

3.4.2 整数

object.Integer 类型很简单，一如预期：

```
// object/object.go

import "fmt"

type Integer struct {
    Value int64
}

func (i *Integer) Inspect() string { return fmt.Sprintf("%d", i.Value) }
```

每当在源代码中遇到整数字面量时，都需要先将其转换为 ast.IntegerLiteral。然后对该 AST 节点求值时，将其转换为 object.Integer，以便将整数的值保存在结构体中并传递这个结构体的引用。

为了让 object.Integer 实现 object.Object 接口，还需要一个 Type()方法来返回对应的 ObjectType。与之前的 token.TokenType 一样，每个 ObjectType 都是常量：

```go
// object/object.go

import "fmt"

type ObjectType string

const (
    INTEGER_OBJ = "INTEGER"
)
```

前面说了，这与之前在 token 包中的操作非常相似。有了它，就可以将 Type() 方法添加到*object.Integer 中：

```go
// object/object.go

func (i *Integer) Type() ObjectType { return INTEGER_OBJ }
```

这样就完成了 Integer！下面来处理另一种数据类型：布尔值。

3.4.3 布尔值

如果预想本节有很多内容，那你要失望了。布尔值对应的 object.Boolean 也很简单：

```go
// object/object.go

const (
// [...]
    BOOLEAN_OBJ = "BOOLEAN"
)

type Boolean struct {
    Value bool
}

func (b *Boolean) Type() ObjectType { return BOOLEAN_OBJ }
func (b *Boolean) Inspect() string  { return fmt.Sprintf("%t", b.Value) }
```

本节只有一个封装单个 bool 值的结构体。

对象系统的基础马上就能完工了。在接触 Eval 函数之前，我们要做的最后一件事是表示一个不存在的值。

3.4.4 空值

1965年，托尼·霍尔（Tony Hoare）在 ALGOL W 语言中引入了空引用，并将其称为"价值十亿美元的错误"。自那以后，无数系统因 null 引用而崩溃。null 是一个表示缺失值的值。可以说 null（在某些语言中为 nil）声名狼藉。

我纠结过是否应该在 Monkey 中实现 null。一方面，如果一门语言不允许使用 null 或 null 引用，那么使用起来会更安全。但另一方面，这里不是为了重复造轮子，而是要学点新东西。我发现，如果有了 null，那么每次遇到可以使用 null 的地方，我都会三思而行。就像汽车如果装有危险品，那么司机在驾驶时就会更加小心谨慎。也是因为这件事，我开始领会编程语言设计中的取舍。我认为添加 null 是值得的，那么就实现 Null 类型，以后小心仔细地使用吧。

```go
// object/object.go

const (
// [...]
    NULL_OBJ = "NULL"
)

type Null struct{}

func (n *Null) Type() ObjectType { return NULL_OBJ }
func (n *Null) Inspect() string  { return "null" }
```

与 object.Boolean 和 object.Integer 相似，object.Null 也是一个结构体，不同之处在于其中不封装任何值。它表示的就是空值。

添加 object.Null 之后，Monkey 的对象系统现在可以表示布尔值、整数和空值。有了这些就能开始编写 Eval 了。

3.5 求值表达式

让我们现在开始编写 Eval。有了 AST 和新的对象系统，就能在执行 Monkey 源代码时持续跟踪遇到的值。那么现在是时候对 AST 求值了。

下面是 Eval 第一版的函数签名：

```
func Eval(node ast.Node) object.Object
```

Eval 将 ast.Node 作为输入并返回一个 object.Object。提醒一下，之前在 ast 包中定义的每个节点都实现了 ast.Node 接口，所以都可以传递给 Eval。因此 Eval

可以递归使用，可以在对 AST 的任意部分求值时调用自身。同时，每个 AST 节点的求值方式都不同，而决定采取哪一种求值方式的是 Eval。例如，将*ast.Program 节点传递给 Eval，那么 Eval 应该做的是，用其中的每条语句作为参数逐个调用自身来对整个*ast.Program.Statements 求值。给外层 Eval 调用返回的值就是最后一次调用的返回值。

下面先来实现自求值表达式，也就是在 Eval 中处理字面量，具体来说，是处理布尔字面量和整数字面量。这些字面量可以自求值，因此是 Monkey 中最容易求值的结构。比如，在 REPL 中输入 5，那么得到的应该也是 5；如果输入 true，那么得到的也是 true。

听起来很简单吧！下面来将"输入 5，就得到 5"这个想法变为现实。

3.5.1　整数字面量

在编写代码之前，先要明白这个想法到底意味着什么：我们有一个表达式，其中仅包含一个整数字面量，我们将其作为输入，进行求值，希望返回的结果是整数本身。

翻译成编程语言，这就表示：给定一个*ast.IntegerLiteral，Eval 函数应返回一个*object.Integer，其 Value 字段的值与*ast.IntegerLiteral.Value 相同。

我们可以创建新的 evaluator 包，并为此编写测试：

```go
// evaluator/evaluator_test.go

package evaluator

import (
    "monkey/lexer"
    "monkey/object"
    "monkey/parser"
    "testing"
)

func TestEvalIntegerExpression(t *testing.T) {
    tests := []struct {
        input    string
        expected int64
    }{
        {"5", 5},
        {"10", 10},
    }

    for _, tt := range tests {
        evaluated := testEval(tt.input)
```

```go
        testIntegerObject(t, evaluated, tt.expected)
    }
}

func testEval(input string) object.Object {
    l := lexer.New(input)
    p := parser.New(l)
    program := p.ParseProgram()

    return Eval(program)
}

func testIntegerObject(t *testing.T, obj object.Object, expected int64) bool {
    result, ok := obj.(*object.Integer)
    if !ok {
        t.Errorf("object is not Integer. got=%T (%+v)", obj, obj)
        return false
    }
    if result.Value != expected {
        t.Errorf("object has wrong value. got=%d, want=%d",
            result.Value, expected)
        return false
    }

    return true
}
```

这么小的测试需要这么多代码？与语法分析器测试一样，这是在建立该测试的基础结构。TestEvalIntegerExpression 测试还需要进行扩展，有了这个基础结构，将来的扩展会很方便。后面也会经常用到这里的 testEval 和 testIntegerObject。

这个测试的核心是在 testEval 中调用 Eval。我们分析过的流程是接受输入，将其传递给词法分析器，处理后再传递给语法分析器，然后返回 AST。接下来的是新内容，得到的 AST 会传递给 Eval，而 Eval 的返回值就是测试中需要比较的内容。在当前的测试中，我们期望的返回值是一个具有正确 Value 的*object.Integer。换句话说，希望 5 求值为 5。

现在测试会失败，因为尚未定义 Eval。但是我们已经知道，Eval 应该以 ast.Node 作为参数并返回一个 object.Object。每当遇到*ast.IntegerLiteral 时，Eval 都应返回带有正确 Value 的*object.Integer。那么将这些分析转换为代码，在 evaluator 包中定义新的 Eval，可以得到：

```go
// evaluator/evaluator.go

package evaluator

import (
```

```
        "monkey/ast"
        "monkey/object"
)

func Eval(node ast.Node) object.Object {
    switch node := node.(type) {
    case *ast.IntegerLiteral:
        return &object.Integer{Value: node.Value}
    }

    return nil
}
```

这段代码不难，都是按照之前的分析编写的，只是目前仍然不能运行。测试仍然失败，因为 Eval 返回的是 nil，而不是*object.Integer。

```
$ go test ./evaluator
--- FAIL: TestEvalIntegerExpression (0.00s)
  evaluator_test.go:36: object is not Integer. got=<nil> (<nil>)
  evaluator_test.go:36: object is not Integer. got=<nil> (<nil>)
FAIL
FAIL    monkey/evaluator        0.006s
```

测试失败的原因是 Eval 中没有遇到*ast.IntegerLiteral。实际上刚才并没有遍历 AST。求值时每次都应该从树的顶部开始，接收一个*ast.Program，然后遍历其中的每个节点。这里却没有这么做，只是在等待*ast.IntegerLiteral。所以解决方法是遍历树并求值*ast.Program 的每条语句：

```
// evaluator/evaluator.go

func Eval(node ast.Node) object.Object {
    switch node := node.(type) {

    // 语句
    case *ast.Program:
        return evalStatements(node.Statements)

    case *ast.ExpressionStatement:
        return Eval(node.Expression)

    // 表达式
    case *ast.IntegerLiteral:
        return &object.Integer{Value: node.Value}
    }

    return nil
}

func evalStatements(stmts []ast.Statement) object.Object {
    var result object.Object
```

```
    for _, statement := range stmts {
        result = Eval(statement)
    }

    return result
}
```

有了这些修改,就能求值 Monkey 程序中的每条语句。如果该语句是一个 *ast.ExpressionStatement,那么将求值其表达式。比如在命令行中只输入 5 就会得到这个 AST 结构。这相当于程序只有一个表达式语句(不是 return 语句或 let 语句),其中只含有一个整数字面量。

```
$ go test ./evaluator
ok      monkey/evaluator          0.006s
```

好了,测试通过了!我们可以对整数字面量进行求值了!现在如果输入数字,就会得到一个数字。这只是一个开始。现在开始学习如何求值以及如何扩展求值器。Eval 的基本结构会保持不变,后面只会在此基础上添加内容对其进行扩展。

下一个自求值表达式是布尔字面量。但是在此之前,应该庆祝一下首次求值成功并慰劳自己。下面先来实现 REPL 中的 E。

3.5.2 完成 REPL

直到现在,REPL 还缺少其中的 E。也就是说,我们现在有的只是 RPPL,即 Read-Parse-Print Loop。现在有了 Eval,就可以构建一个真正的 Read-Evaluate-Print Loop 了!

先创建一个 repl 包,再构建求值器。这跟你预期的一样简单:

```
// repl/repl.go

import (
// [...]
    "monkey/evaluator"
)

// [...]

func Start(in io.Reader, out io.Writer) {
    scanner := bufio.NewScanner(in)

    for {
        fmt.Fprintf(out, PROMPT)
        scanned := scanner.Scan()
        if !scanned {
            return
```

```
        }

        line := scanner.Text()
        l := lexer.New(line)
        p := parser.New(l)

        program := p.ParseProgram()
        if len(p.Errors()) != 0 {
            printParserErrors(out, p.Errors())
            continue
        }

        evaluated := evaluator.Eval(program)
        if evaluated != nil {
            io.WriteString(out, evaluated.Inspect())
            io.WriteString(out, "\n")
        }
    }
}
```

之前是直接打印 program（语法分析器返回的 AST），而这里会将 program 传递给 Eval。如果 Eval 返回一个非空值，即 object.Object，那么就打印其 Inspect() 方法的输出。对于 *object.Integer，打印的就是所封装的整数的字符串表示形式。

这样就得到了一个可用的 REPL：

```
$ go run main.go
Hello mrnugget! This is the Monkey programming language!
Feel free to type in commands
>> 5
5
>> 10
10
>> 999
999
>>
```

感觉不错吧？词法分析、语法分析、求值，这些功能都有了，我们取得了很大的进步。

3.5.3 布尔字面量

与整数字面量相似，布尔字面量也可以自求值。true 求值为 true，false 求值为 false。在 Eval 中实现布尔字面量求值跟实现整数字面量一样容易，测试也雷同：

```
// evaluator/evaluator_test.go

func TestEvalBooleanExpression(t *testing.T) {
    tests := []struct {
```

```go
        input    string
        expected bool
    }{
        {"true", true},
        {"false", false},
    }

    for _, tt := range tests {
        evaluated := testEval(tt.input)
        testBooleanObject(t, evaluated, tt.expected)
    }
}

func testBooleanObject(t *testing.T, obj object.Object, expected bool) bool {
    result, ok := obj.(*object.Boolean)
    if !ok {
        t.Errorf("object is not Boolean. got=%T (%+v)", obj, obj)
        return false
    }
    if result.Value != expected {
        t.Errorf("object has wrong value. got=%t, want=%t",
            result.Value, expected)
        return false
    }
    return true
}
```

在能够支持更多可产生布尔值的表达式后,会扩展这里的 tests 切片。现在,这里仅需要确保在输入 true 或 false 时能获得正确的输出。测试运行失败:

```
$ go test ./evaluator
--- FAIL: TestEvalBooleanExpression (0.00s)
  evaluator_test.go:42: object is not Boolean. got=<nil> (<nil>)
  evaluator_test.go:42: object is not Boolean. got=<nil> (<nil>)
FAIL
FAIL    monkey/evaluator        0.006s
```

若想让测试通过,只需复制 *ast.IntegerLiteral 的 case 分支,将 IntegerLiteral 改成 Boolean 即可:

```go
// evaluator/evaluator.go

func Eval(node ast.Node) object.Object {
// [...]
    case *ast.Boolean:
        return &object.Boolean{Value: node.Value}
// [...]
}
```

这样就完成了!来运行一下 REPL:

```
$ go run main.go
Hello mrnugget! This is the Monkey programming language!
Feel free to type in commands
>> true
true
>> false
false
>>
```

漂亮！但是有一个问题：每次遇到 true 或 false 时都创建一个新的 object.Boolean，是不是有点烦琐？所有的 true 都是相同的，false 也是如此。那为什么每次还要创建新的实例呢？布尔值只有 true 和 false 两种可能性，所以可以使用 true 和 false 的引用来代替每次都新建实例。

```
// evaluator/evaluator.go

var (
    TRUE  = &object.Boolean{Value: true}
    FALSE = &object.Boolean{Value: false}
)

func Eval(node ast.Node) object.Object {
// [...]
    case *ast.Boolean:
        return nativeBoolToBooleanObject(node.Value)
// [...]
}

func nativeBoolToBooleanObject(input bool) *object.Boolean {
    if input {
        return TRUE
    }
    return FALSE
}
```

现在，软件包中只有 TRUE 和 FALSE 这两个 object.Boolean 实例。使用的时候是引用它们，而不是分配新的 object.Boolean。这种方式更加合理。这里用一点微小的工作获得了小幅度性能提升。下面来处理空值。

3.5.4　空值

与单例的 true 和 false 一样，空值也应该只有一个。也就是说，空值只有一种形式，不存在半个或其他形式的空值。某个东西要么是空值，要么不是。下面就来创建一个表示 NULL 的 object.Null，让这个空值在整个求值器中都能被引用，不用每次创建新的。

```
// evaluator/evaluator.go

var (
    NULL  = &object.Null{}
    TRUE  = &object.Boolean{Value: true}
    FALSE = &object.Boolean{Value: false}
)
```

有了这些内容，现在就有一个可以引用的 NULL 了。

有了整数字面量和 NULL、TRUE 和 FALSE 这 3 个表示值的表达式，下面就可以对运算符表达式求值了。

3.5.5 前缀表达式

前缀表达式也称为一元运算符表达式，它是 Monkey 支持的最简单的运算符表达式形式，由一个运算符加一个操作数组成。在语法分析器中，许多语言结构会作为前缀表达式来处理，因为处理前缀表达式的解析方法最简单。但是在本节中，前缀表达式只是具有一个运算符和一个操作数的运算符表达式。Monkey 支持!和-这两个前缀运算符。

对运算符表达式求值并不难，只有前缀运算符和一个操作数的表达式就更加简单了。下面将逐步完成目标。这个过程要十分细心，因为我们要实现的功能会对后面有深远的影响。记住，输入的语言在求值过程中会变得有意义，也就是说，现在我们正在定义 Monkey 语言的语义。对运算符表达式的求值进行细微的修改，编程语言可能就会出现某些意料之外且看上去完全无关的情况。而测试可以用来明确界定期望的行为，同时用作编程语言的规范。

我们从实现!运算符开始。以下测试可以证明，该运算符能将其操作数"转换"为布尔值并取反：

```
// evaluator/evaluator_test.go

func TestBangOperator(t *testing.T) {
    tests := []struct {
        input    string
        expected bool
    }{
        {"!true", false},
        {"!false", true},
        {"!5", false},
        {"!!true", true},
        {"!!false", false},
        {"!!5", true},
    }
```

```
        for _, tt := range tests {
            evaluated := testEval(tt.input)
            testBooleanObject(t, evaluated, tt.expected)
        }
    }
```

如前所述，这会决定语言的工作方式。!true 和!false 表达式及其预期结果很正常，但其他语言设计人员认为!5 应该返回一条错误消息。不过要知道，这里的 5 表示的是一个真值。

当然，测试不会通过，因为此时 Eval 返回的是 nil，而不是 TRUE 或 FALSE。求值前缀表达式的第一步是对操作数求值，然后对这个结果与运算符再求值：

```
// evaluator/evaluator.go

func Eval(node ast.Node) object.Object {
// [...]
    case *ast.PrefixExpression:
        right := Eval(node.Right)
        return evalPrefixExpression(node.Operator, right)
// [...]
}
```

第一次调用 Eval 之后，right 可能是*object.Integer 或*object.Boolean，也有可能是 NULL。接着将这个 right 操作数传递给 evalPrefixExpression，来查看该函数能否处理其中的运算符：

```
// evaluator/evaluator.go

func evalPrefixExpression(operator string, right object.Object) object.Object {
    switch operator {
    case "!":
        return evalBangOperatorExpression(right)
    default:
        return NULL
    }
}
```

如果该函数不支持其中的运算符，则返回 NULL。这不一定是最好的选择，但就目前来说，这绝对是最简单的选择，因为目前还没有实现任何错误处理。

!的行为由 evalBangOperatorExpression 函数指定：

```
// evaluator/evaluator.go

func evalBangOperatorExpression(right object.Object) object.Object {
    switch right {
    case TRUE:
```

```
        return FALSE
    case FALSE:
        return TRUE
    case NULL:
        return TRUE
    default:
        return FALSE
    }
}
```

测试通过！

```
$ go test ./evaluator
ok      monkey/evaluator        0.007s
```

下面为前缀运算符-添加测试，扩展 TestEvalIntegerExpression 测试函数就可以了：

```
// evaluator/evaluator_test.go

func TestEvalIntegerExpression(t *testing.T) {
    tests := []struct {
        input    string
        expected int64
    }{
        {"5", 5},
        {"10", 10},
        {"-5", -5},
        {"-10", -10},
    }
// [...]
}
```

这里选择扩展 TestEvalIntegerExpression，而不是为前缀运算符-编写新的测试函数，原因有两个：首先，前缀运算符-只能使用整数作为其操作数；其次，该测试函数理应包含所有整数相关运算，这样在一个地方就能清晰整洁地展示出所有支持的行为。

为了使测试用例通过，必须扩展先前编写的 evalPrefixExpression 函数，具体来说就是为其中的 switch 语句添加新分支：

```
// evaluator/evaluator.go

func evalPrefixExpression(operator string, right object.Object) object.Object {
    switch operator {
    case "!":
        return evalBangOperatorExpression(right)
    case "-":
        return evalMinusPrefixOperatorExpression(right)
```

```
        default:
            return NULL
        }
    }
```

evalMinusPrefixOperatorExpression 函数如下所示:

```
// evaluator/evaluator.go

func evalMinusPrefixOperatorExpression(right object.Object) object.Object {
    if right.Type() != object.INTEGER_OBJ {
        return NULL
    }

    value := right.(*object.Integer).Value
    return &object.Integer{Value: -value}
}
```

这里做的第一件事是，检查操作数是否为整数。如果不是，则返回 NULL。如果是，就提取 *object.Integer 的值，然后分配一个新对象来封装该值的取反版本。

代码并不多，但确实完成了工作:

```
$ go test ./evaluator
ok      monkey/evaluator        0.007s
```

非常好！在处理中缀运算符之前，现在可以在 REPL 中试一试前缀表达式:

```
$ go run main.go
Hello mrnugget! This is the Monkey programming language!
Feel free to type in commands
>> -5
-5
>> !true
false
>> !-5
false
>> !!-5
true
>> !!!!-5
true
>> -true
null
```

太棒了！

3.5.6　中缀表达式

复习一下，下面是 Monkey 支持的 8 个中缀运算符:

```
5 + 5;
5 - 5;
5 * 5;
5 / 5;

5 > 5;
5 < 5;
5 == 5;
5 != 5;
```

这 8 个运算符可分为两组：一组运算符产生的结果不是布尔值；另一组运算符则产生布尔值。先来实现对第一组运算符的支持，包括+、-、*、/。这里先处理整数操作数，之后再处理操作数是布尔值的情形。

测试的基础结构已经就绪，我们要做的是扩展 TestEvalIntegerExpression 测试函数，为这些新运算符添加测试用例：

```go
// evaluator/evaluator_test.go

func TestEvalIntegerExpression(t *testing.T) {
    tests := []struct {
        input    string
        expected int64
    }{
        {"5", 5},
        {"10", 10},
        {"-5", -5},
        {"-10", -10},
        {"5 + 5 + 5 + 5 - 10", 10},
        {"2 * 2 * 2 * 2 * 2", 32},
        {"-50 + 100 + -50", 0},
        {"5 * 2 + 10", 20},
        {"5 + 2 * 10", 25},
        {"20 + 2 * -10", 0},
        {"50 / 2 * 2 + 10", 60},
        {"2 * (5 + 10)", 30},
        {"3 * 3 * 3 + 10", 37},
        {"3 * (3 * 3) + 10", 37},
        {"(5 + 10 * 2 + 15 / 3) * 2 + -10", 50},
    }
// [...]
}
```

有些重复和无意义的测试用例可以删除。但坦白说，在这些复杂的测试用例通过时我既惊喜又惊讶。实现的代码不可能就这么简单吧？事实上，就这么简单。

为了使这些测试用例通过，所要做的第一件事是在 Eval 中扩展 switch 语句：

```go
// evaluator/evaluator.go

func Eval(node ast.Node) object.Object {
```

```
// [...]
    case *ast.InfixExpression:
        left := Eval(node.Left)
        right := Eval(node.Right)
        return evalInfixExpression(node.Operator, left, right)
// [...]
}
```

与 *ast.PrefixExpression 一样，首先要对操作数求值。现在有两个操作数，分别是 AST 节点的左右两边。我们已经知道，这两个操作数可以是任何形式的表达式，包括函数调用、整数字面量、运算符表达式等。但这些都不重要，全部都可以交给 Eval 处理。

在对操作数求值后，需要将返回的值连同运算符一起传递给 evalIntegerInfix-Expression，如下所示：

```
// evaluator/evaluator.go

func evalInfixExpression(
    operator string,
    left, right object.Object,
) object.Object {
    switch {
    case left.Type() == object.INTEGER_OBJ && right.Type() == object.INTEGER_OBJ:
        return evalIntegerInfixExpression(operator, left, right)
    default:
        return NULL
    }
}
```

如果操作数不是两个整数，那么将返回 NULL。当然，这个函数稍后会进行扩展，不过要让上面的测试通过，目前的实现已经足够。这里的重点是 evalIntegerInfix-Expression，它定义了由 *object.Integer 封装的值如何进行加减乘除运算：

```
// evaluator/evaluator.go

func evalIntegerInfixExpression(
    operator string,
    left, right object.Object,
) object.Object {
    leftVal := left.(*object.Integer).Value
    rightVal := right.(*object.Integer).Value

    switch operator {
    case "+":
        return &object.Integer{Value: leftVal + rightVal}
    case "-":
        return &object.Integer{Value: leftVal - rightVal}
    case "*":
```

```
        return &object.Integer{Value: leftVal * rightVal}
    case "/":
        return &object.Integer{Value: leftVal / rightVal}
    default:
        return NULL
    }
}
```

现在,不管你信不信,测试的确通过了:

```
$ go test ./evaluator
ok      monkey/evaluator        0.007s
```

继续添加一些代码,这样就能支持产生布尔值的运算符了,包括==、!=、<和>。

由于这些运算符都产生布尔值,因此继续扩展 TestEvalBooleanExpression 测试函数,添加这些运算符的测试用例:

```
// evaluator/evaluator_test.go

func TestEvalBooleanExpression(t *testing.T) {
    tests := []struct {
        input    string
        expected bool
    }{
        {"true", true},
        {"false", false},
        {"1 < 2", true},
        {"1 > 2", false},
        {"1 < 1", false},
        {"1 > 1", false},
        {"1 == 1", true},
        {"1 != 1", false},
        {"1 == 2", false},
        {"1 != 2", true},
    }
// [...]
}
```

要通过这些测试,只需在 evalIntegerInfixExpression 中添加几行代码:

```
// evaluator/evaluator.go

func evalIntegerInfixExpression(
    operator string,
    left, right object.Object,
) object.Object {
    leftVal := left.(*object.Integer).Value
    rightVal := right.(*object.Integer).Value

    switch operator {
```

```
// [...]
    case "<":
        return nativeBoolToBooleanObject(leftVal < rightVal)
    case ">":
        return nativeBoolToBooleanObject(leftVal > rightVal)
    case "==":
        return nativeBoolToBooleanObject(leftVal == rightVal)
    case "!=":
        return nativeBoolToBooleanObject(leftVal != rightVal)
    default:
        return NULL
    }
}
```

之前用 `nativeBoolToBooleanObject` 函数处理过布尔字面量。现在需要比较未封装的值来返回 TRUE 或 FALSE，此时可以复用这个函数。

至少对于整数来说，这样就完成了。现在 Monkey 已经完全支持这 8 个中缀运算符处理其左右的 2 个操作数均为整数的情形。本节剩下的篇幅将添加对布尔操作数的支持。

Monkey 仅能对布尔操作数进行相等性比较，也就是说布尔值支持==和!=运算符，不支持加、减、乘、除，也不能用<或>来比较 true 和 false 的大小。因此，下面只需要支持==和!=这两个运算符就可以了。

如你所知，第一件事就是添加测试。和以前一样，这通过扩展已有的测试函数完成。这里将使用 `TestEvalBooleanExpression` 为==和!=运算符添加测试用例：

```
// evaluator/evaluator_test.go

func TestEvalBooleanExpression(t *testing.T) {
    tests := []struct {
        input    string
        expected bool
    }{
// [...]
        {"true == true", true},
        {"false == false", true},
        {"true == false", false},
        {"true != false", true},
        {"false != true", true},
        {"(1 < 2) == true", true},
        {"(1 < 2) == false", false},
        {"(1 > 2) == true", false},
        {"(1 > 2) == false", true},
    }
// [...]
}
```

严格来说，只需要测试前 5 个测试用例就可以了。但额外添加的其他 4 个可以核查所生成的布尔值之间的比较。

目前还算顺利，没有意外的结果，只得到了一组失败的测试：

```
$ go test ./evaluator
--- FAIL: TestEvalBooleanExpression (0.00s)
  evaluator_test.go:121: object is not Boolean. got=*object.Null (&{})
  evaluator_test.go:121: object is not Boolean. got=*object.Null (&{})
  evaluator_test.go:121: object is not Boolean. got=*object.Null (&{})
  evaluator_test.go:121: object is not Boolean. got=*object.Null (&{})
  evaluator_test.go:121: object is not Boolean. got=*object.Null (&{})
  evaluator_test.go:121: object is not Boolean. got=*object.Null (&{})
  evaluator_test.go:121: object is not Boolean. got=*object.Null (&{})
  evaluator_test.go:121: object is not Boolean. got=*object.Null (&{})
  evaluator_test.go:121: object is not Boolean. got=*object.Null (&{})
FAIL
FAIL    monkey/evaluator        0.007s
```

有个简单的方法能让测试通过：

```
// evaluator/evaluator.go

func evalInfixExpression(
    operator string,
    left, right object.Object,
) object.Object {
    switch {
// [...]
    case operator == "==":
        return nativeBoolToBooleanObject(left == right)
    case operator == "!=":
        return nativeBoolToBooleanObject(left != right)
    default:
        return NULL
    }
}
```

没错，只是向已有的 evalInfixExpression 添加了 4 行代码，测试就通过了。这里使用了指针比较来检查布尔值之间的相等性。这之所以可行，是因为程序中一直都在使用指向对象的指针，而布尔值只有 TRUE 和 FALSE 两个对象。因此，如果某项的值与 TRUE 的内存地址相同，那么它就是 true。这也适用于 NULL。

但这种方法不适用于整数或其他稍后会添加的数据类型。对于*object.Integer，总是有新分配的 object.Integer 实例，也就是使用新的指针。而整数不能通过比较不同的实例之间的指针来判断相等性，否则 5 == 5 将为 false。这不是我们期望的行为。在这种情况下，要显式比较对象的值，而不是比较封装这些值的对象。

这就是为什么要在 switch 语句中提前检查并匹配整数操作数，然后再匹配刚刚添加的 case 分支。只要先检查其他的操作数类型，然后再检查这些可以通过指针比较的操作数，代码就可以正常工作。

十年后，Monkey 成了一门知名的编程语言，而大家都功成名就了。这时候会有人讨论 Monkey 语言，他们对编程语言设计并没有深入研究，会在 Stack Overflow 上问："为什么 Monkey 中的整数比较比布尔比较慢？"我或者本书的读者会回答："因为 Monkey 的对象系统不允许对整数对象进行指针比较，在比较之前必须先解包，所以布尔值之间的比较更快。"然后在答案底部的参考资料写上我的大名，最后收获大量的赞。

这个梦挺不错的。回到现实中，我只想说，我们成功了！我们做得真心不错，完全可以开香槟庆祝一下。看看现在解释器可以做什么：

```
$ go run main.go
Hello mrnugget! This is the Monkey programming language!
Feel free to type in commands
>> 5 * 5 + 10
35
>> 3 + 4 * 5 == 3 * 1 + 4 * 5
true
>> 5 * 10 > 40 + 5
true
>> (10 + 2) * 30 == 300 + 20 * 3
true
>> (5 > 5 == true) != false
false
>> 500 / 2 != 250
false
```

也就是说，我们现在有了一个功能齐全且可以扩展的求值器。下面来进一步完善，让它看起来更像是一种编程语言。

3.6 条件语句

在求值器中添加对条件语句的支持非常简单。该实现的唯一难点是如何决定在何时对哪一部分内容求值。这就是条件语句的全部要点：根据条件决定求值内容。来看下面的代码：

```
if (x > 10) {
  puts("everything okay!");
} else {
  puts("x is too low!");
```

```
    shutdownSystem();
}
```

在对这个 if-else 表达式求值时,其重点是仅对正确的分支求值。如果条件成立,则不能对 else 分支求值,只对 if 分支求值。如果条件不成立,则只对 else 分支求值。

换句话说,如果条件 x > 10 不成立,那么只对该条件的 else 分支求值。这个不成立到底是指什么?比如什么时候才应该执行输出 "everything okay!" 这个分支?是条件表达式生成的结果必须为 true,还是说生成真值一类的东西也行(比如非空值或非 false)?

这是条件语句中比较困难的部分,因为这是一个设计决策。语言设计决策必须准确,因为它的影响很大。

对于 Monkey 而言,当条件结果是真值时,就会执行该结果。"真值"是指既不是空值也不是 false 的值,即不一定非得是 true。

```
let x = 10;
if (x) {
  puts("everything okay!");
} else {
  puts("x is too high!");
  shutdownSystem();
}
```

这个示例会输出 "everything okay!"。因为 x 绑定了 10,所以求值结果为 10,而 10 既不是空值也不是 false。以上就是 Monkey 中条件语句的工作方式。

介绍完这些,下面将以上解释转换成一组测试用例:

```
// evaluator/evaluator_test.go
func TestIfElseExpressions(t *testing.T) {
    tests := []struct {
        input    string
        expected interface{}
    }{
        {"if (true) { 10 }", 10},
        {"if (false) { 10 }", nil},
        {"if (1) { 10 }", 10},
        {"if (1 < 2) { 10 }", 10},
        {"if (1 > 2) { 10 }", nil},
        {"if (1 > 2) { 10 } else { 20 }", 20},
        {"if (1 < 2) { 10 } else { 20 }", 10},
    }
```

```
    for _, tt := range tests {
        evaluated := testEval(tt.input)
        integer, ok := tt.expected.(int)
        if ok {
            testIntegerObject(t, evaluated, int64(integer))
        } else {
            testNullObject(t, evaluated)
        }
    }
}

func testNullObject(t *testing.T, obj object.Object) bool {
    if obj != NULL {
        t.Errorf("object is not NULL. got=%T (%+v)", obj, obj)
        return false
    }
    return true
}
```

这个测试函数还列出了一些之前没有讨论的行为,那就是如果条件语句没有求值结果,则应该返回 NULL,例如:

```
if (false) { 10 }
```

其中缺少需要执行的 else 部分,因此该条件语句应该返回 NULL。

上面的代码还做了一些类型断言和转换操作,这样就可以在 expected 字段中使用 nil,同时测试是可读的,从中能够清楚地看出所预期的行为。现在的测试依然会失败,因为代码中还没有返回*object.Integer 或 NULL:

```
$ go test ./evaluator
--- FAIL: TestIfElseExpressions (0.00s)
  evaluator_test.go:125: object is not Integer. got=<nil> (<nil>)
  evaluator_test.go:153: object is not NULL. got=<nil> (<nil>)
  evaluator_test.go:125: object is not Integer. got=<nil> (<nil>)
  evaluator_test.go:125: object is not Integer. got=<nil> (<nil>)
  evaluator_test.go:153: object is not NULL. got=<nil> (<nil>)
  evaluator_test.go:125: object is not Integer. got=<nil> (<nil>)
  evaluator_test.go:125: object is not Integer. got=<nil> (<nil>)
FAIL
FAIL    monkey/evaluator        0.007s
```

之前说过,实现条件语句简单到让你惊讶。不信?下面这些代码就能让测试通过:

```
// evaluator/evaluator.go

func Eval(node ast.Node) object.Object {
// [...]
    case *ast.BlockStatement:
        return evalStatements(node.Statements)
```

```
    case *ast.IfExpression:
        return evalIfExpression(node)
// [...]
}

func evalIfExpression(ie *ast.IfExpression) object.Object {
    condition := Eval(ie.Condition)

    if isTruthy(condition) {
        return Eval(ie.Consequence)
    } else if ie.Alternative != nil {
        return Eval(ie.Alternative)
    } else {
        return NULL
    }
}

func isTruthy(obj object.Object) bool {
    switch obj {
    case NULL:
        return false
    case TRUE:
        return true
    case FALSE:
        return false
    default:
        return true
    }
}
```

正如之前所说，其中唯一的难点在于要决定对哪些内容求值。这由 evalIfExpression 决定，其中行为的逻辑非常清楚；另外 isTruthy 也很易懂。除了这两个函数，Eval 的 switch 语句中还添加了针对*ast.BlockStatement 的 case 分支，因为*ast.IfExpression 的 Consequence 和 Alternative 都是块语句。

这两个简洁的新函数清楚地显示了 Monkey 语言的语义。同时这里还复用了之前已有的另一个函数，添加了对条件语句的支持。最后测试也通过了。Monkey 解释器现在支持 if-else 表达式了！Monkey 不再是一个求值器，而是一门编程语言了。

```
$ go run main.go
Hello mrnugget! This is the Monkey programming language!
Feel free to type in commands
>> if (5 * 5 + 10 > 34) { 99 } else { 100 }
99
>> if ((1000 / 2) + 250 * 2 == 1000) { 9999 }
9999
>>
```

3.7　return 语句

这里要介绍的是标准的求值器没有的功能：return 语句。与许多其他语言一样，Monkey 也有 return 语句。它们可以用在函数主体中，也可以在 Monkey 程序中作为顶层语句来使用。在哪里使用 return 语句并不重要，其工作方式都是相同的：停止对一系列语句的求值，同时保存其中表达式求值的结果。

下面是 Monkey 程序中的顶层 return 语句：

```
5 * 5 * 5;
return 10;
9 * 9 * 9;
```

求值时，该程序应返回 10。如果这些语句是函数的主体，则调用该函数得到的值为 10。这里的重点在于，永远不会对最后一行 9 * 9 * 9 表达式求值。

实现 return 语句的方式有多种。在某些宿主语言中，可以使用 goto 或异常。但是在 Go 语言中实现 rescue 或 catch 并不容易，同时无法以简洁的方式使用 goto。因此，为了支持 return 语句，求值器需要传递一个"返回值"。每当遇到 return 时，就将应返回的值封装在一个对象中，以便跟踪。我们需要追踪这个对象，这样就可以在稍后决定是否停止求值。

下面是这个对象的实现，即 object.ReturnValue：

```
// object/object.go

const (
// [...]
    RETURN_VALUE_OBJ = "RETURN_VALUE"
)

type ReturnValue struct {
    Value Object
}

func (rv *ReturnValue) Type() ObjectType { return RETURN_VALUE_OBJ }
func (rv *ReturnValue) Inspect() string  { return rv.Value.Inspect() }
```

这只是另一个对象的封装，没有什么特别的。object.ReturnValue 的重点在于其使用时间和使用方式。

以下是一些测试，列出了在 Monkey 程序中 return 语句的期望行为：

```
// evaluator/evaluator_test.go

func TestReturnStatements(t *testing.T) {
```

```
tests := []struct {
    input    string
    expected int64
}{
    {"return 10;", 10},
    {"return 10; 9;", 10},
    {"return 2 * 5; 9;", 10},
    {"9; return 2 * 5; 9;", 10},
}

for _, tt := range tests {
    evaluated := testEval(tt.input)
    testIntegerObject(t, evaluated, tt.expected)
}
}
```

为了使这些测试通过,必须修改已经拥有的 evalStatements 函数,为 Eval 添加一个针对*ast.ReturnStatement 的 case 分支:

```
// evaluator/evaluator.go

func Eval(node ast.Node) object.Object {
// [...]
    case *ast.ReturnStatement:
        val := Eval(node.ReturnValue)
        return &object.ReturnValue{Value: val}
// [...]
}

func evalStatements(stmts []ast.Statement) object.Object {
    var result object.Object

    for _, statement := range stmts {
        result = Eval(statement)

        if returnValue, ok := result.(*object.ReturnValue); ok {
            return returnValue.Value
        }
    }

    return result
}
```

第一个修改的地方是对*ast.ReturnValue 的求值,这里会对与 return 语句有关的表达式进行求值。然后将 Eval 的调用结果封装在新的 object.ReturnValue 中,以便跟踪。

在 evalProgramStatements 和 evalBlockStatements 中,会使用 evalStatements 对语句求值,其中会检查最后的求值结果是否是 object.ReturnValue。如果是,则停止求值并返回未封装的值。这一点很重要,这里不返回 object.ReturnValue,而是仅返回未封装的值,也就是用户期望返回的值。

不过有一个问题。object.ReturnValue 有时必须跟踪很长时间，且无法在第一次遇到时就解包。比如块语句中就会遇到这种情况，来看下面的代码：

```
if (10 > 1) {
  if (10 > 1) {
    return 10;
  }

  return 1;
}
```

这段代码应返回 10。但是在当前的实现中，该代码并没有返回 10，而是返回了 1。下面这个测试用例可以确认这一点：

```
// evaluator/evaluator_test.go
func TestReturnStatements(t *testing.T) {
    tests := []struct {
        input    string
        expected int64
    }{
// [...]
        {
            `
if (10 > 1) {
  if (10 > 1) {
    return 10;
  }

  return 1;
}
`,
            10,
        },
// [...]
}
```

这个测试用例失败了，一如预期，显示的信息如下：

```
$ go test ./evaluator
--- FAIL: TestReturnStatements (0.00s)
  evaluator_test.go:159: object has wrong value. got=1, want=10
FAIL
FAIL    monkey/evaluator        0.007s
```

我相信你已经发现了当前实现的问题所在。以下解释会让这个问题更清楚：遇到嵌套的块语句（这在 Monkey 程序中是完全有效的代码），无法在第一次遇到时就解包 object.ReturnValue 的值，因为这里需要进一步跟踪，以便停止最外面的块语句。

非嵌套的块语句可以在当前的实现中顺畅运行。但是要使嵌套的代码正常运行，首先要注意的就是不能通过复用 evalStatements 函数对块语句求值。需要将它重命名为 evalProgram，降低其通用性。

```go
// evaluator/evaluator.go

func Eval(node ast.Node) object.Object {
// [...]
    case *ast.Program:
        return evalProgram(node)
// [...]
}

func evalProgram(program *ast.Program) object.Object {
    var result object.Object

    for _, statement := range program.Statements {
        result = Eval(statement)

        if returnValue, ok := result.(*object.ReturnValue); ok {
            return returnValue.Value
        }
    }

    return result
}
```

为了对*ast.BlockStatement 求值，这里引入了一个名为 evalBlockStatement 的新函数：

```go
// evaluator/evaluator.go

func Eval(node ast.Node) object.Object {
// [...]
    case *ast.BlockStatement:
        return evalBlockStatement(node)
// [...]
}

func evalBlockStatement(block *ast.BlockStatement) object.Object {
    var result object.Object

    for _, statement := range block.Statements {
        result = Eval(statement)

        if result != nil && result.Type() == object.RETURN_VALUE_OBJ {
            return result
        }
    }

    return result
}
```

这里明确了不解包返回值，只是检查每个求值结果的 Type()。如果是 object.RETURN_VALUE_OBJ，则只需返回*object.ReturnValue，无须解包其 Value。这样如果有外部块语句，它就会停止执行，并冒泡至 evalProgram，最后在这里解包。（之后在实现函数调用的求值时，会修改这里的最后一部分。）

测试通过：

```
$ go test ./evaluator
ok      monkey/evaluator        0.007s
```

return 语句已实现。现在代码绝对不仅仅是一个求值器了，其中的 evalProgram 和 evalBlockStatement 对我们来说还是新内容，下面继续研究。

3.8　错误处理

之前有些函数会返回 NULL，当时我说了不用担心，稍后会扩展，现在是时候了。这里要在 Monkey 中实现一些真正的错误处理功能，再晚的话就需要回退并修改很多已有的代码。这里还是要回退一点并修改先前的代码，不过不多。之前没有将错误处理作为解释器的优先事件，坦白地说是因为我认为实现表达式比错误处理有趣得多。而现在确实需要添加错误处理功能了，否则之后调试和使用解释器会很麻烦。

首先，确定什么是"真正的错误处理"。错误处理**不是**指用户定义的异常，而是指处理程序内部的错误处理流程。用于处理错误的运算符、不支持的操作以及执行期间可能发生的其他用户错误或内部错误。

从实现的角度来看，这些错误可能让人觉得奇怪，因为错误处理的实现方式与 return 语句的实现方式几乎相同。道理很简单，因为错误处理和 return 语句都会终止对一系列语句的求值。

首先，需要一个错误对象：

```
// object/object.go

const (
// [...]
    ERROR_OBJ = "ERROR"
)

type Error struct {
    Message string
}
```

```
func (e *Error) Type() ObjectType { return ERROR_OBJ }
func (e *Error) Inspect() string  { return "ERROR: " + e.Message }
```

可以看到，object.Error 非常简单，其中只封装了用作错误消息的字符串。在用于生产环境的解释器中，除了提供报错信息，这些错误对象中还会附加栈跟踪信息，并添加错误发生位置的行号和列号。让词法分析器为词法单元添加行号和列号并不难。但由于 Monkey 词法分析器不能添加行号和列号，因此为简便起见，这里仅使用一条错误消息。含有错误消息的 object.Error 能够提供一些反馈并终止程序，因此依然能发挥一定的作用。

下面将在一些地方添加错误处理代码。稍后随着解释器不断完善，会在更多合适的地方添加错误处理代码。就现在来说，下面这个测试函数列出了错误处理的预期行为：

```
// evaluator/evaluator_test.go

func TestErrorHandling(t *testing.T) {
    tests := []struct {
        input           string
        expectedMessage string
    }{
        {
            "5 + true;",
            "type mismatch: INTEGER + BOOLEAN",
        },
        {
            "5 + true; 5;",
            "type mismatch: INTEGER + BOOLEAN",
        },
        {
            "-true",
            "unknown operator: -BOOLEAN",
        },
        {
            "true + false;",
            "unknown operator: BOOLEAN + BOOLEAN",
        },
        {
            "5; true + false; 5",
            "unknown operator: BOOLEAN + BOOLEAN",
        },
        {
            "if (10 > 1) { true + false; }",
            "unknown operator: BOOLEAN + BOOLEAN",
        },
        {
            `
if (10 > 1) {
```

```
    if (10 > 1) {
      return true + false;
    }

    return 1;
}
`,
            "unknown operator: BOOLEAN + BOOLEAN",
        },
    }

    for _, tt := range tests {
        evaluated := testEval(tt.input)

        errObj, ok := evaluated.(*object.Error)
        if !ok {
            t.Errorf("no error object returned. got=%T(%+v)",
                evaluated, evaluated)
            continue
        }

        if errObj.Message != tt.expectedMessage {
            t.Errorf("wrong error message. expected=%q, got=%q",
                tt.expectedMessage, errObj.Message)
        }
    }
}
```

运行测试时会再次遇到 NULL：

```
$ go test ./evaluator
--- FAIL: TestErrorHandling (0.00s)
  evaluator_test.go:193: no error object returned. got=*object.Null(&{})
  evaluator_test.go:193: no error object returned.\
    got=*object.Integer(&{Value:5})
  evaluator_test.go:193: no error object returned. got=*object.Null(&{})
  evaluator_test.go:193: no error object returned. got=*object.Null(&{})
  evaluator_test.go:193: no error object returned.\
    got=*object.Integer(&{Value:5})
  evaluator_test.go:193: no error object returned. got=*object.Null(&{})
  evaluator_test.go:193: no error object returned.\
    got=*object.Integer(&{Value:10})
FAIL
FAIL    monkey/evaluator        0.007s
```

意外的是，这里还遇到了*object.Integer。这些测试用例实际上要确保两件事：为不受支持的操作创建错误消息；创建的错误消息会停止后续的求值操作。如果因为返回了*object.Integer 而导致测试失败，则说明求值未正确停止。

创建错误消息并在 Eval 中传递很简单，只需要一个辅助函数来帮助创建新的 *object.Error，并在适当的时候返回即可：

```go
// evaluator/evaluator.go

import (
    // [...]
    "fmt"
)

func newError(format string, a ...interface{}) *object.Error {
    return &object.Error{Message: fmt.Sprintf(format, a...)}
}
```

前面所有不知道该如何处理且只返回了 NULL 的地方，现在都可以替换成 newError 函数：

```go
// evaluator/evaluator.go

func evalPrefixExpression(operator string, right object.Object) object.Object {
    switch operator {
// [...]
    default:
        return newError("unknown operator: %s%s", operator, right.Type())
    }
}

func evalInfixExpression(
    operator string,
    left, right object.Object,
) object.Object {
    switch {
// [...]
    case left.Type() != right.Type():
        return newError("type mismatch: %s %s %s",
            left.Type(), operator, right.Type())
    default:
        return newError("unknown operator: %s %s %s",
            left.Type(), operator, right.Type())
    }
}

func evalMinusPrefixOperatorExpression(right object.Object) object.Object {
    if right.Type() != object.INTEGER_OBJ {
        return newError("unknown operator: -%s", right.Type())
    }
// [...]
}

func evalIntegerInfixExpression(
    operator string,
    left, right object.Object,
) object.Object {
// [...]
    switch operator {
```

```
// [...]
    default:
        return newError("unknown operator: %s %s %s",
            left.Type(), operator, right.Type())
    }
}
```

经过这些修改，失败的测试用例数量减少到两个：

```
$ go test ./evaluator
--- FAIL: TestErrorHandling (0.00s)
  evaluator_test.go:193: no error object returned.\
    got=*object.Integer(&{Value:5})
  evaluator_test.go:193: no error object returned.\
    got=*object.Integer(&{Value:5})
FAIL
FAIL    monkey/evaluator        0.007s
```

测试结果表明代码能正确创建错误消息了，但依然没有正确停止求值。你可能已经知道要查看哪些代码了，没错，就是 evalProgram 和 evalBlockStatement。下面列出了这两个函数的完整代码，其中含有新增的错误处理功能：

```
// evaluator/evaluator.go

func evalProgram(program *ast.Program) object.Object {
    var result object.Object

    for _, statement := range program.Statements {
        result = Eval(statement)

        switch result := result.(type) {
        case *object.ReturnValue:
            return result.Value
        case *object.Error:
            return result
        }
    }
    return result
}

func evalBlockStatement(block *ast.BlockStatement) object.Object {
    var result object.Object

    for _, statement := range block.Statements {
        result = Eval(statement)

        if result != nil {
            rt := result.Type()
            if rt == object.RETURN_VALUE_OBJ || rt == object.ERROR_OBJ {
                return result
            }
```

            }
        }

        return result
    }

在 evalProgram 中添加的错误处理功能一眼就能看出来,而 evalBlockStatement 则没有那么容易看出来,其中添加的是针对 result 类型的检查。

有了上述修改,就能在正确的位置停止求值了。现在测试通过:

```
$ go test ./evaluator
ok      monkey/evaluator        0.010s
```

最后还有一件事需要做,每当在 Eval 内部调用 Eval 时都需要检查错误消息,以免错误到处传递,导致在离发生错误很远的地方抛出错误:

```
// evaluator/evaluator.go

func isError(obj object.Object) bool {
    if obj != nil {
        return obj.Type() == object.ERROR_OBJ
    }
    return false
}

func Eval(node ast.Node) object.Object {
    switch node := node.(type) {

// [...]
    case *ast.ReturnStatement:
        val := Eval(node.ReturnValue)
        if isError(val) {
            return val
        }
        return &object.ReturnValue{Value: val}

// [...]
    case *ast.PrefixExpression:
        right := Eval(node.Right)
        if isError(right) {
            return right
        }
        return evalPrefixExpression(node.Operator, right)

    case *ast.InfixExpression:
        left := Eval(node.Left)
        if isError(left) {
            return left
        }
```

```
            right := Eval(node.Right)
            if isError(right) {
                return right
            }

            return evalInfixExpression(node.Operator, left, right)
    // [...]
    }

    func evalIfExpression(ie *ast.IfExpression) object.Object {
        condition := Eval(ie.Condition)
        if isError(condition) {
            return condition
        }
    // [...]
    }
```

就这样，错误处理完成了。

3.9 绑定与环境

接下来将添加对 let 语句的支持，为解释器增加绑定功能。除了支持 let 语句，还需要支持对标识符求值。假设对以下代码求值：

let x = 5 * 5;

仅实现对这条语句的求值还不够，还需要确保在解释了这行代码后，对 x 求值的结果为 25。

因此，本节中的任务是对 let 语句和标识符求值。为了对 let 语句求值，需要对其中产生值的表达式进行求值并跟踪产生的值，这个值会绑定到某个指定名称下。为了对标识符求值，需要检查这个名称是否已经有一个绑定的值。如果有，就从标识符得出该值；如果没有，则返回错误。

听起来是个好方法。下面先来写测试代码：

```
// evaluator/evaluator_test.go

func TestLetStatements(t *testing.T) {
    tests := []struct {
        input    string
        expected int64
    }{
        {"let a = 5; a;", 5},
        {"let a = 5 * 5; a;", 25},
        {"let a = 5; let b = a; b;", 5},
```

```
        {"let a = 5; let b = a; let c = a + b + 5; c;", 15},
    }

    for _, tt := range tests {
        testIntegerObject(t, testEval(tt.input), tt.expected)
    }
}
```

这些测试用例应该确保两件事顺利进行：一是对 let 语句中产生值的表达式求值，二是对绑定到名称的标识符求值。另外测试还需要确保对未绑定的标识符求值时会报错。为此，只需简单地扩展现有的 TestErrorHandling 函数：

```
// evaluator/evaluator_test.go

func TestErrorHandling(t *testing.T) {
    tests := []struct {
        input           string
        expectedMessage string
    }{
// [...]
        {
            "foobar",
            "identifier not found: foobar",
        },
    }
// [...]
}
```

怎么能让这些测试通过？要做的第一件事就是为 Eval 添加一个名为*ast.LetStatement 的新 case 分支。在这个分支中，需要对 let 语句的表达式求值。下面就开始吧：

```
// evaluator/evaluator.go

func Eval(node ast.Node) object.Object {
// [...]
    case *ast.LetStatement:
        val := Eval(node.Value)
        if isError(val) {
            return val
        }

        // 接下来该做什么？


// [...]
}
```

注意其中的注释："接下来该做什么？"也就是说要如何跟踪这些值？我们现在有一个值及其所需绑定的名称 node.Name.Value，如何将这两者关联起来？

3.9 绑定与环境

这里就能用到环境了。环境可以将值与名称相关联，这样就可以在环境中用关联的名称来跟踪值。"环境"是一个经典的名称，在许多其他解释器中，尤其是在 Lisp 解释器中都有使用。尽管这个名称听起来很复杂，但从本质上讲，环境是一个将字符串与对象相关联的哈希映射。为了我们的实现，这正是将要使用的内容。

下面将向 object 包中添加新的 Environment 结构体，实际上只是简单封装了一个 map：

```go
// object/environment.go

package object

func NewEnvironment() *Environment {
    s := make(map[string]Object)
    return &Environment{store: s}
}

type Environment struct {
    store map[string]Object
}

func (e *Environment) Get(name string) (Object, bool) {
    obj, ok := e.store[name]
    return obj, ok
}

func (e *Environment) Set(name string, val Object) Object {
    e.store[name] = val
    return val
}
```

你可能在想：**为什么不直接使用 map，而是使用封装？** 学过 3.10 节后，你就能明白了。这是我们以后学习的基础。

可以看到，object.Environment 的用法不言自明。但是如何在 Eval 中使用？该怎样跟踪环境？解决方法是将其作为 Eval 的参数来传递：

```go
// evaluator/evaluator.go

func Eval(node ast.Node, env *object.Environment) object.Object {
// [...]
}
```

有了这些修改后，代码还是无法编译，现在还必须修改每个 Eval 调用来使用环境。不仅需要修改 Eval 自身中对 Eval 的调用，还需要修改 evalProgram、evalIfExpression 等函数中对 Eval 的调用。这需要在编辑器中手动操作，所以这里就不把代码列出来了。

在 REPL 中也调用了 Eval，因此也需要修改以使用环境。在 REPL 中使用单一的环境。

```go
// repl/repl.go

import (
    // [...]
    "monkey/object"
)

func Start(in io.Reader, out io.Writer) {
    scanner := bufio.NewScanner(in)
    env := object.NewEnvironment()

    for {
// [...]
        evaluated := evaluator.Eval(program, env)
        if evaluated != nil {
            io.WriteString(out, evaluated.Inspect())
            io.WriteString(out, "\n")
        }
    }
}
```

这里使用的环境 env 能够在各个 Eval 调用之间持久化。如果不能持久化，那么 REPL 中绑定到名称的值就会失效。也就是说，此时在求值新的代码时，之前已有的绑定在新环境中会丢失。

虽然每次创建新环境才是测试套件中预期的行为，但各测试函数和测试用例的状态并不需要持久化。每次调用 testEval 都应该有一个全新的环境，这样就不会由于先运行的测试修改了全局状态而导致奇怪的错误。因此每次调用 Eval 都应得到一个新环境：

```go
// evaluator/evaluator_test.go

func testEval(input string) object.Object {
    l := lexer.New(input)
    p := parser.New(l)
    program := p.ParseProgram()
    env := object.NewEnvironment()

    return Eval(program, env)
}
```

使用修改后的 Eval 调用，测试就能够编译了。接下来尝试让测试通过。有了 *object.Environment，这并不难。在*ast.LetStatement 的 case 分支中，只需将已有的名称和值保存在当前环境中：

```
// evaluator/evaluator.go
func Eval(node ast.Node, env *object.Environment) object.Object {
// [...]
    case *ast.LetStatement:
        val := Eval(node.Value, env)
        if isError(val) {
            return val
        }
        env.Set(node.Name.Value, val)
// [...]
}
```

现在每次对 let 语句求值时，都会将标识符与值的关联添加到环境中。之后每次对标识符求值的时候，还须获取对应的值。做到这一点也很简单：

```
// evaluator/evaluator.go
func Eval(node ast.Node, env *object.Environment) object.Object {
// [...]
    case *ast.Identifier:
        return evalIdentifier(node, env)
// [...]
}

func evalIdentifier(
    node *ast.Identifier,
    env *object.Environment,
) object.Object {
    val, ok := env.Get(node.Value)
    if !ok {
        return newError("identifier not found: " + node.Value)
    }

    return val
}
```

3.10 节会扩展这里的 evalIdentifier，现在这个函数只检查在当前环境中某个特定的名称是否有与其关联的值，如果有就返回这个值，没有就报错。

测试通过：

```
$ go test ./evaluator
ok      monkey/evaluator        0.007s
```

这意味着 Monkey 现在百分之百算一门编程语言了。

```
$ go run main.go
Hello mrnugget! This is the Monkey programming language!
Feel free to type in commands
>> let a = 5;
```

```
>> let b = a > 3;
>> let c = a * 99;
>> if (b) { 10 } else { 1 };
10
>> let d = if (c > a) { 99 } else { 100 };
>> d
99
>> d * c * a;
245025
```

3.10 函数和函数调用

之前的工作初有成效，现在到了关键节点。本节将为解释器增加对函数和函数调用的支持。完成本节的操作后，将可以在 REPL 中执行以下操作：

```
>> let add = fn(a, b, c, d) { return a + b + c + d };
>> add(1, 2, 3, 4);
10
>> let addThree = fn(x) { return x + 3 };
>> addThree(3);
6
>> let max = fn(x, y) { if (x > y) { x } else { y } };
>> max(5, 10)
10
>> let factorial = fn(n) { if (n == 0) { 1 } else { n * factorial(n - 1) } };
>> factorial(5)
120
```

其实除了上述简单内容，我们还会实现传递函数、高阶函数和闭包功能：

```
>> let callTwoTimes = fn(x, func) { func(func(x)) };
>> callTwoTimes(3, addThree);
9
>> callTwoTimes(3, fn(x) { x + 1 });
5
>> let newAdder = fn(x) { fn(n) { x + n } };
>> let addTwo = newAdder(2);
>> addTwo(2);
4
```

没错，本节将完成**所有**这些内容。

为了完成这些目标，需要做两件事：一是在对象系统中定义函数的内部表示，二是在 Eval 中添加对函数调用的支持。

别担心，这些很简单。3.9 节的工作在这里派上用场了，这里会复用和扩展许多之前的内容。在本节中，你会陆续看到这些复用并修改后的代码。

3.10 函数和函数调用

之前的策略都是一步一步稳扎稳打，这里也一样。第一步是处理函数的内部表示。

之所以需要用内部形式来表示函数，是因为在 Monkey 中，函数和其他值是平等的。函数也可以绑定到名称中、用于表达式当中、传递给其他函数，也能从其他函数中返回一个函数，诸如此类。与其他的值一样，在 Monkey 的对象系统中，函数也需要用某种形式来表示，这样才能传递、赋值和返回函数。

但应该如何在内部表示一个函数呢？用对象吗？让我们先从 ast.FunctionLiteral 这个定义着手。

```go
// ast/ast.go

type FunctionLiteral struct {
    Token      token.Token // 'fn'词法单元
    Parameters []*Identifier
    Body       *BlockStatement
}
```

函数对象不需要 Token 字段，但还是要用到 Parameters 和 Body 字段，因为没有函数体就无法对函数求值，而不知道参数就无法对函数体求值。除了 Parameters 和 Body，还需要在新的函数对象中添加第 3 个字段：

```go
// object/object.go

import (
    "bytes"
    "fmt"
    "monkey/ast"
    "strings"
)

const (
// [...]
    FUNCTION_OBJ = "FUNCTION"
)

type Function struct {
    Parameters []*ast.Identifier
    Body       *ast.BlockStatement
    Env        *Environment
}

func (f *Function) Type() ObjectType { return FUNCTION_OBJ }
func (f *Function) Inspect() string {
    var out bytes.Buffer

    params := []string{}
    for _, p := range f.Parameters {
```

```
            params = append(params, p.String())
        }

        out.WriteString("fn")
        out.WriteString("(")
        out.WriteString(strings.Join(params, ", "))
        out.WriteString(") {\n")
        out.WriteString(f.Body.String())
        out.WriteString("\n}")

        return out.String()
    }
```

这个 object.Function 的定义含有 Parameters 和 Body 字段。除此之外还有 Env 字段，用来持有指向 object.Environment 的指针，这样 Monkey 中的函数就有自己独立的环境了。也就是说，函数内部定义的环境会独立出来，之后还可以访问，因此也就出现了闭包。使用 Env 字段就能做到这一点，稍后会介绍。

完成定义后，现在可以编写一个测试来验证 Monkey 解释器能否构建函数：

```
// evaluator/evaluator_test.go

func TestFunctionObject(t *testing.T) {
    input := "fn(x) { x + 2; };"

    evaluated := testEval(input)
    fn, ok := evaluated.(*object.Function)
    if !ok {
        t.Fatalf("object is not Function. got=%T (%+v)", evaluated, evaluated)
    }

    if len(fn.Parameters) != 1 {
        t.Fatalf("function has wrong parameters. Parameters=%+v",
            fn.Parameters)
    }

    if fn.Parameters[0].String() != "x" {
        t.Fatalf("parameter is not 'x'. got=%q", fn.Parameters[0])
    }

    expectedBody := "(x + 2)"

    if fn.Body.String() != expectedBody {
        t.Fatalf("body is not %q. got=%q", expectedBody, fn.Body.String())
    }
}
```

这个测试函数假定对函数字面量求值会返回正确的 *object.Function，并带有正确的参数和函数体。而函数的环境稍后将在其他测试中隐式地测试。现在只要在 Eval 中用一个新 case 分支添加几行代码就能让测试通过：

```
// evaluator/evaluator.go

func Eval(node ast.Node, env *object.Environment) object.Object {
// [...]
    case *ast.FunctionLiteral:
        params := node.Parameters
        body := node.Body
        return &object.Function{Parameters: params, Env: env, Body: body}
// [...]
}
```

很简单吧？测试通过。这里只是复用了 AST 节点的 Parameters 和 Body 字段。注意，构建函数对象时用到了当前的环境。

这个较低级别的测试通过后，就能确定函数的内部表示已经正确构建了。现在转向函数使用这个主题，这意味着需要扩展解释器，以便调用函数。针对函数调用的测试具有更强的可读性，也更容易编写：

```
// evaluator/evaluator_test.go

func TestFunctionApplication(t *testing.T) {
    tests := []struct {
        input    string
        expected int64
    }{
        {"let identity = fn(x) { x; }; identity(5);", 5},
        {"let identity = fn(x) { return x; }; identity(5);", 5},
        {"let double = fn(x) { x * 2; }; double(5);", 10},
        {"let add = fn(x, y) { x + y; }; add(5, 5);", 10},
        {"let add = fn(x, y) { x + y; }; add(5 + 5, add(5, 5));", 20},
        {"fn(x) { x; }(5)", 5},
    }

    for _, tt := range tests {
        testIntegerObject(t, testEval(tt.input), tt.expected)
    }
}
```

这里的每个测试用例都做着同样的事情：定义函数、调用参数、对产生的值进行断言。但这些测试用例都有细微的差别，它们分别测试了许多重要的内容，包括隐式返回值、用 return 语句返回值、在表达式中使用参数、多参数，以及让参数先完成求值再传递给函数。

这里还测试了*ast.CallExpression 的两种可能形式：一是函数是一个标识符，其求值结果是函数对象；二是函数是函数字面量。好在这两个都不是问题，之前已经介绍过如何对标识符和函数字面量求值了：

```go
// evaluator/evaluator.go

func Eval(node ast.Node, env *object.Environment) object.Object {
// [...]
    case *ast.CallExpression:
        function := Eval(node.Function, env)
        if isError(function) {
            return function
        }
// [...]
}
```

是的，只需用 Eval 来获取要调用的函数。不管是*ast.Identifier 还是*ast.FunctionLiteral，只要没有遇到错误，Eval 都会返回*object.Function。

但是如何调用这个*object.Function 呢？第一步是要对调用表达式的参数求值，原因很简单：

```
let add = fn(x, y) { x + y };
add(2 + 2, 5 + 5);
```

在这里，希望传递给 add 函数的参数是 4 和 10，而不是表达式 2 + 2 和表达式 5 + 5。

对参数求值相当于对表达式列表求值，然后跟踪产生的值。不过一旦遇到错误，同样要立即停止求值过程。因此代码如下所示：

```go
// evaluator/evaluator.go

func Eval(node ast.Node, env *object.Environment) object.Object {
// [...]
    case *ast.CallExpression:
        function := Eval(node.Function, env)
        if isError(function) {
            return function
        }
        args := evalExpressions(node.Arguments, env)
        if len(args) == 1 && isError(args[0]) {
            return args[0]
        }
// [...]
}

func evalExpressions(
    exps []ast.Expression,
    env *object.Environment,
) []object.Object {
    var result []object.Object
```

```
    for _, e := range exps {
        evaluated := Eval(e, env)
        if isError(evaluated) {
            return []object.Object{evaluated}
        }
        result = append(result, evaluated)
    }

    return result
}
```

这里没什么特别的，只是遍历一个 ast.Expression 列表，并在当前环境的上下文中求值。如果遇到错误，就停止求值并返回错误。这段代码决定了 Monkey 中参数是从左到右依次求值的。希望开发者在使用 Monkey 编写代码时不要在意参数的求值顺序。不过，编程语言的设计者要从保守和安全的角度关注参数的求值顺序。

现在有了函数和求值后的参数列表，应该如何**调用**函数呢？参数要怎么才能作用到函数上？

显而易见的答案是必须对函数体求值，函数体只是一个块语句。前面已经介绍了如何对块语句求值，既然这样，那为什么不直接调用 Eval 并将其传递给函数体呢？这是因为存在参数。函数体可能会包含对函数参数的引用，如果调用函数时在当前所处的环境中只对函数体求值，会出现对未知名称的引用，这会报错，我们并不想遇到这种情况。也就是说，在当前环境下对函数体求值行不通。

因此需要做的是修改对函数求值时的环境，以便让函数体内的参数引用能够正确解析为对应的参数。但是不能直接将这些参数添加到当前环境中，否则可能会覆盖已有的绑定。这也不是我们想要的。我们真正期望的行为是下面这样：

```
let i = 5;
let printNum = fn(i) {
  puts(i);
};

printNum(10);
puts(i);
```

puts 函数用来打印内容，所以这段代码应该打印两行内容，分别是 10 和 5。如果在对 printNum 的主体求值之前覆盖了当前环境，则最后一行依然会打印 10。

因此即使将函数调用的参数添加到当前环境，在函数体中访问这个参数时依然会有其他问题。相反，真正的解决方案是保留已有的绑定，同时添加新的绑定。这种做法称为"扩展已有的环境"。

扩展已有的环境意味着需要创建一个新的 object.Environment 实例，以及一个指向待扩展环境的指针。这样就能与现有的环境独立开来，形成一个新的空环境。

在对新环境调用 Get 方法时，该环境如果没有与某个名称关联的值，则会调用包裹着自己的上一层环境中的 Get。这相当于环境的边界扩展了。也就是说，如果在当前环境中找不到值，那么就调用包裹自己的上一层环境。以此类推，直到遇到没有外层包裹的环境为止，这时才可以稳妥地报告 ERROR: unknown identifier: foobar。

```go
// object/environment.go

package object

func NewEnclosedEnvironment(outer *Environment) *Environment {
    env := NewEnvironment()
    env.outer = outer
    return env
}

func NewEnvironment() *Environment {
    s := make(map[string]Object)
    return &Environment{store: s, outer: nil}
}

type Environment struct {
    store map[string]Object
    outer *Environment
}

func (e *Environment) Get(name string) (Object, bool) {
    obj, ok := e.store[name]
    if !ok && e.outer != nil {
        obj, ok = e.outer.Get(name)
    }
    return obj, ok
}

func (e *Environment) Set(name string, val Object) Object {
    e.store[name] = val
    return val
}
```

object.Environment 现在有一个名为 outer 的新字段，其中包含对另一个 object.Environment 的引用，也就是外层包裹的用于扩展的环境。用 NewEnclosedEnvironment 函数创建这样的包裹环境很方便。同时，这里还修改了 Get 方法。现在这个函数还会在外层包裹的环境中查找某个名称。

这种新行为反映了变量的作用域。变量有内部作用域和外部作用域。如果在内部作用域中找不到某个名称，就需要到外部作用域中查找。外部作用域**包裹**着内部作用域，内部作用域相当于**扩展**了外部作用域。

有了改进后的 `object.Environment`，现在就可以正确求值函数体。要注意，原来的问题是：将函数调用时的实参绑定到函数的形参名称时，可能会覆盖环境中已有的名称绑定。现在的方式是覆盖当前环境，而不是覆盖绑定。也就是说，现在要创建一个新环境，并将绑定添加到这个新的空环境中。

但这里不会将当前环境用作包裹的环境，而是用*object.Function 自身附带的环境，也就是定义函数时的环境。

下面是更新后的 `Eval`，它可以完整、正确地处理函数调用：

```go
// evaluator/evaluator.go

func Eval(node ast.Node, env *object.Environment) object.Object {
// [...]
    case *ast.CallExpression:
        function := Eval(node.Function, env)
        if isError(function) {
            return function
        }
        args := evalExpressions(node.Arguments, env)
        if len(args) == 1 && isError(args[0]) {
            return args[0]
        }

        return applyFunction(function, args)
// [...]
}

func applyFunction(fn object.Object, args []object.Object) object.Object {
    function, ok := fn.(*object.Function)
    if !ok {
        return newError("not a function: %s", fn.Type())
    }

    extendedEnv := extendFunctionEnv(function, args)
    evaluated := Eval(function.Body, extendedEnv)
    return unwrapReturnValue(evaluated)
}

func extendFunctionEnv(
    fn *object.Function,
    args []object.Object,
) *object.Environment {
    env := object.NewEnclosedEnvironment(fn.Env)

    for paramIdx, param := range fn.Parameters {
        env.Set(param.Value, args[paramIdx])
```

```
        }

        return env
    }

    func unwrapReturnValue(obj object.Object) object.Object {
        if returnValue, ok := obj.(*object.ReturnValue); ok {
            return returnValue.Value
        }

        return obj
    }
```

新的 applyFunction 函数不仅会检查是否真的有一个*object.Function，还会将 fn 参数转换为一个*object.Function 引用，以便访问该函数的 Env 字段和 Body 字段，而最初的 object.Object 中并未定义这两个字段。

extendFunctionEnv 函数会创建一个新的*object.Environment，该环境位于函数环境内部。在这个被包裹的新环境中，函数调用的实参绑定到了函数的形参名称中。

这个被包裹的新环境就是对函数体求值时需要用到的环境。如果其最后的求值结果是*object.ReturnValue，则必须进行解包。这很有必要，否则 return 语句会向上冒泡多个函数并停止对所有这些函数求值。但是实际上我们只想停止对最后调用的函数体求值，因此需要解包返回值，以便 evalBlockStatement 继续对"外部"函数语句求值。另外，之前的 TestReturnStatements 函数中也添加了一些测试用例，以确保这个实现有效。

现在所有工作都完成了，看看结果：

```
$ go test ./evaluator
ok      monkey/evaluator        0.007s
$ go run main.go
Hello mrnugget! This is the Monkey programming language!
Feel free to type in commands
>> let addTwo = fn(x) { x + 2; };
>> addTwo(2)
4
>> let multiply = fn(x, y) { x * y };
>> multiply(50 / 2, 1 * 2)
50
>> fn(x) { x == 10 }(5)
false
>> fn(x) { x == 10 }(10)
true
```

就这样？是的！代码正常运行！现在终于可以定义和调用函数了！这没什么难的，所有工作都是在前面基础上的改进。而在庆祝之前，有必要仔细研究一下函数及其环境之间的交互,以及这对函数应用的影响,因为刚刚看到的并不是所有结果,代码还完成了其他工作。

你可能还在疑惑:"为什么扩展的是定义函数时的环境,而不是当前环境?"来看以下代码:

```go
// evaluator/evaluator_test.go

func TestClosures(t *testing.T) {
    input := `
let newAdder = fn(x) {
  fn(y) { x + y };
};

let addTwo = newAdder(2);
addTwo(2);`

    testIntegerObject(t, testEval(input), 4)
}
```

这个测试真的通过了:

```
$ go run main.go
Hello mrnugget! This is the Monkey programming language!
Feel free to type in commands
>> let newAdder = fn(x) { fn(y) { x + y } };
>> let addTwo = newAdder(2);
>> addTwo(3);
5
>> let addThree = newAdder(3);
>> addThree(10);
13
```

也就是说,Monkey 能够使用闭包了,非常酷吧?但你可能还不清楚闭包和原问题之间的联系。闭包是指函数隔离出其中定义的环境,并会随时附带。每当调用函数时便可以访问其所附带的环境。

上面示例中有两行代码很重要:

```
let newAdder = fn(x) { fn(y) { x + y } };
let addTwo = newAdder(2);
```

newAdder 是一个高阶函数。高阶函数是返回其他函数或将其他函数作为参数的函数。这里的 newAdder 会返回另一个函数。

但这不是一个普通的函数,而是以 2 作为唯一参数调用 newAdder 时产生的闭包。addTwo 被绑定到了这个闭包上。

addTwo 之所以是闭包,是因为在调用这个函数时可以访问额外的绑定。

调用 addTwo 时不仅可以访问该调用的参数,也就是实参 y,而且可以访问在调用 newAdder(2)时绑定的值 x,哪怕这个绑定已经离开了自己的作用域,不存在于当前环境中:

```
>> let newAdder = fn(x) { fn(y) { x + y } };
>> let addTwo = newAdder(2);
>> x
ERROR: identifier not found: x
```

在顶层环境中,x 并没有绑定到某个值。但在 addTwo 中仍然可以访问 x:

```
>> addTwo(3);
5
```

换句话说,闭包 addTwo 仍然可以访问定义时的当前环境,也就是对 newAdder 函数体最后一行求值时的环境,而最后一行是函数字面量。记住,在对函数字面量求值时,我们会构建一个 object.Function 并在其 Env 字段中保留对当前环境的引用。

而稍后对 addTwo 的主体求值时,不是在当前环境中求值,而是在函数环境中求值。这是通过扩展定义函数时的环境并将其传递给 Eval 实现的,而没有使用当前环境。这样之后就仍然可以访问其中的绑定,于是就产生了闭包。这是一种非常酷的功能!

既然这里在讨论一些神奇的功能,那么我多说一句,现在 Monkey 不仅支持从其他函数返回函数,而且可以将函数作为函数调用中的参数。是的,函数是 Monkey 中的"头等公民",可以像其他值一样传递:

```
>> let add = fn(a, b) { a + b };
>> let sub = fn(a, b) { a - b };
>> let applyFunc = fn(a, b, func) { func(a, b) };
>> applyFunc(2, 2, add);
4
>> applyFunc(10, 2, sub);
8
```

这里将 add 和 sub 函数作为参数传递给 applyFunc。然后 applyFunc 会顺利调用这些函数,不会出现任何问题。func 参数会解析为函数对象,然后该函数对象会被两个参数调用。仅此而已,解释器中一切运行正常。

我猜你现在可能想跟朋友分享一下成功的喜悦,以下是给你提供的消息模板:

亲爱的 XXX,你还记得我说过有一天我会干一番大事,让人们记住我吗?就是今天。我的 Monkey 解释器可以正常运行了,它支持函数、高阶函数、闭包、整数,以及算术运算。总之,我今天太开心了!

我们成功地构建了一个功能全面的 Monkey 解释器，支持函数和函数调用、高阶函数和闭包。去庆祝吧！我在这里等你。

3.11　如何处理垃圾

我之前保证过，本书不会走任何捷径，不会用任何第三方工具，而是从零开始自己动手构建一个功能完善的解释器。实际上我们也做到了，但现在我要坦白一个小问题。

来看在解释器中运行以下 Monkey 代码会发生什么：

```
let counter = fn(x) {
  if (x > 100) {
    return true;
  } else {
    let foobar = 9999;
    counter(x + 1);
  }
};

counter(0);
```

显然，这段代码对 counter 主体第 101 次求值后会返回 true。但在递归调用中的最后一个 counter 返回前，发生了很多事情。

第一件事是对 if-else 表达式的条件求值，即对 x > 100 求值。如果产生的值不是真值，则对 if-else 表达式的 else 分支求值，也就是将整数 9999 绑定给名称 foobar，但这个名称之后再没用过。接着会对 x + 1 求值，这个 Eval 调用的求值结果会传递给另一个 counter 调用。最后，一切都再次开始，直到 x > 100 的求值结果为 TRUE。

这里的关键是，每个 counter 的调用中都分配了很多对象。从 Eval 函数和对象系统实现的角度来看，每次对 counter 主体求值都会分配和实例化很多 object.Integer，在这里指未使用的 9999 整数字面量和 x + 1 的结果。每次对 counter 主体进行求值时，哪怕字面量 100 和 1 也会产生新的 object.Integer。

如果修改 Eval 函数以跟踪&object.Integer{}的每个实例，就会发现运行这一小段代码会分配大约 400 个 object.Integer。

这有什么问题吗？

Monkey 的对象存储在内存中。因此使用的对象越多，所需的内存就越多。虽然与其他程序占用的内存相比，这个示例中的对象数很小，但内存终究不是无限的。

理论上来说，每次调用 counter 时解释器进程的内存使用率都应该上升，直到最终耗尽内存并被操作系统"杀死"。但如果在运行上述代码时监视内存使用情况，会发现占用的内存并不是一直增长，而是在动态地增减。为什么会这样？

这个问题的答案就是我要坦白的核心内容：Monkey 语言使用了 Go 的垃圾回收器，我们不需要自己编写了。

使用了 Go 的垃圾回收器（GC），这就是刚刚那个程序不会耗尽内存的原因。Go 的 GC 会管理内存。即使大量调用 counter 函数，添加了许多未使用的整数字面量，分配了很多对象，最后也不会耗尽内存，因为 GC 会跟踪 object.Integer，以便确定哪些仍然可以访问，哪些不能。当发现某个对象不可访问时，Go 的 GC 就会释放该对象的内存。

上面的示例生成了许多在调用 counter 后就无法访问的整数对象：字面量 1 和 100，以及绑定到 foobar 上无意义的 9999。这些对象被 counter 返回后就无法访问了。对于 1 和 100，很明显是不可访问的，因为这些整数没有绑定到名称。但即使绑定到 foobar 的 9999 也无法访问，因为函数返回时 foobar 已经离开作用域了。具体来说是因为返回时 Go 的 GC 会破坏对 counter 主体求值时构建的环境，而其中含有 foobar 绑定。

这些无法访问的对象没有用处，还占用内存。因此 GC 会收集它们并释放它们所占用的内存。

这对我们来说非常方便，节省了很多工作！如果使用如 C 语言等没有 GC 的编程语言编写解释器，那么就需要自己实现 GC 来管理解释器用户的内存。

假设有一个 GC，它需要完成什么工作？简单来说，它需要跟踪对象分配和对象的引用，为将来的对象分配留出足够的内存，不再需要时就将对象占用的内存归还。最后一点就是垃圾回收。少了垃圾回收，程序会出现内存泄漏问题，最终耗尽内存。

有多种方法可以完成上述所有任务，其中涉及不同的算法和实现，例如基本的"标记清除"算法。实现这个算法时必须选择实现方式，比如是否使用分代式 GC，是使用全局暂停（stop-the-world）的 GC，还是并发 GC，抑或以其他方式组织内存和处理内存碎片。即使确定了实现方式，编写一个高效的实现仍然需要付出很多努力。

你也许会问："好吧，我们就先用 Go 的 GC，但 Monkey 语言能不能编写并使用自己的 GC 呢？"

抱歉，不行，因为这样必须先禁用 Go 的 GC，并找到一种方法来接管其所有工作。说起来容易做起来难。这是一项艰巨的任务，因为这样还必须自己负责分配和释放内存，而 Go 语言在默认情况下完全禁止这种行为。

因此我决定不在本书中添加"如何在 Go 的 GC 之外编写自己的 GC"这一节内容，而是使用 Go 的 GC。垃圾回收本身就是一个重要的话题，而想办法抛开现有 GC 则更是如此，这超出了本书的范围。但我仍然希望你通过本节对 GC 的功能及其能解决的问题有一个大概的了解。当然，也许你现在就知道要将这里构建的解释器翻译成另一种没有垃圾回收的宿主语言该怎么做。

这样的话就算完工了！Monkey 解释器能正常运行了，剩下的就是添加更多的数据类型和函数来扩展其功能，让它更有用。

第 4 章

扩展解释器

4.1 数据类型和函数

目前 Monkey 解释器能出色地完成工作，也有一些令人赞叹的特性，如头等函数和闭包。不过对于 Monkey 的用户，现在可用的数据类型只有整数和布尔值。这有点不够，比其他编程语言支持的数据类型少很多。本章将完善这一方面，向解释器添加新的数据类型。

这个添加过程的一个好处是，我们可以再次梳理一遍整个解释器。也就是重走一遍所有流程，包括添加新的词法单元类型、修改词法分析器、扩展语法分析器，最后向求值器和对象系统添加新的数据类型。

更棒的是，这些将要添加的数据类型在 Go 中都有原生的形式存在，因此要做的只是让其在 Monkey 中可用。也就是说，我们不需要从头开始实现这些数据类型，这节省了不少工作。所以本书可以专注于解释器，而不用把书名改为"在 Go 中实现常用数据结构"。

除此之外，本章还将添加一些新函数来扩展解释器。当然，作为解释器的用户，我们现在可以定义函数，但是这些函数的作用有限。本章将新添加的是内置函数，这种函数更强大，可以获得 Monkey 语言的内部运作信息。

首先来添加一个众所周知的数据类型：字符串。几乎每种编程语言都有字符串，Monkey 也不应该例外。

4.2 字符串

在 Monkey 中，字符串是一个字符序列。字符串是"头等值"，可以绑定给标识符，可以在函数调用中用作参数，还可以由函数返回。Monkey 字符串和其他编程语言中的字符串一样，都是用双引号围起来的字符。

除了字符串数据类型本身之外，本节还会让字符串支持中缀运算符+，以便进行字符串连接操作。

最终目标是能够完成以下操作。

```
$ go run main.go
Hello mrnugget! This is the Monkey programming language!
Feel free to type in commands
>> let firstName = "Thorsten";
>> let lastName = "Ball";
>> let fullName = fn(first, last) { first + " " + last };
>> fullName(firstName, lastName);
Thorsten Ball
```

4.2.1 在词法分析器中支持字符串

要做的第一件事是在词法分析器中支持字符串字面量。字符串的基本结构是这样的：

"<字符序列>"

不太难，对吧？就是用双引号将字符序列围起来。

词法分析器应该为每个字符串字面量生成单个词法单元。因此，对于 Hello World，它应该生成 1 个词法单元，而不是"、Hello、World、"这 4 个词法单元。用单个词法单元表示字符串字面量，能够降低后续语法分析器中的处理难度，也能够在词法分析器中用一个小方法生成字符串词法单元。

当然，用多个词法单元表示字符串也可以，这可用于某些特定的情形或语法分析器中。用多个词法单元表示的方法是将字符串分析成用引号（"）包裹着的一些 token.IDENT 词法单元。而对于这里采用的用单个词法单元表示字符串，方法是参照已有的 token.INT 创建新的字符串词法单元，在其 Literal 字段中持有字符串字面量。

明白了这些，下面就可以修改词法单元和词法分析器了。之前学完第 1 章后，我们就没接触过词法分析了，不过这里再次接手应该没什么问题。

首先向 token 包添加新的 STRING 词法单元类型：

```
// token/token.go

const (
// [...]
```

```
    STRING = "STRING"
// [...]
)
```

接着添加一个测试用例，来看词法分析器是否正确处理了字符串。所要做的只是扩展 TestNextToken 测试函数中的 input：

```
// lexer/lexer_test.go

func TestNextToken(t *testing.T) {
    input := `let five = 5;
let ten = 10;

let add = fn(x, y) {
  x + y;
};

let result = add(five, ten);
!-/*5;
5 < 10 > 5;

if (5 < 10) {
    return true;
} else {
    return false;
}

10 == 10;
10 != 9;
"foobar"
"foo bar"
`

    tests := []struct {
        expectedType    token.TokenType
        expectedLiteral string
    }{
// [...]
        {token.STRING, "foobar"},
        {token.STRING, "foo bar"},
        {token.EOF, ""},
    }
// [...]
}
```

现在的 input 多了几行内容，这些内容是需要转换成词法单元的字符串字面量。"foobar"是为了确保字符串字面量的词法分析器能正常工作，而"foo bar"是为了确保字面量中有空格时也能正常工作。

当然，测试失败了，因为还要修改 Lexer：

```
$ go test ./lexer
--- FAIL: TestNextToken (0.00s)
  lexer_test.go:122: tests[73] - tokentype wrong. expected="STRING",\
    got="ILLEGAL"
FAIL
FAIL    monkey/lexer    0.006s
```

修复测试比你想的还简单，只须在 Lexer 的 switch 语句中为"添加一个 case 分支，再添加一个小型辅助方法：

```
// lexer/lexer.go

func (l *Lexer) NextToken() token.Token {
// [...]

    switch l.ch {
// [...]
    case '"':
        tok.Type = token.STRING
        tok.Literal = l.readString()
// [...]
    }

// [...]
}

func (l *Lexer) readString() string {
    position := l.position + 1
    for {
        l.readChar()
        if l.ch == '"' || l.ch == 0 {
            break
        }
    }
    return l.input[position:l.position]
}
```

这些修改浅显易懂，只是添加了一个新的 case 分支和一个名为 readString 的辅助函数。该辅助函数调用 readChar 读取字符，遇到闭双引号或到达输入末尾（end of the input）则读取完毕。

如果你认为这太简单了，那么可以尝试让 readString 报错，而不是在到达输入末尾时只是直接返回所读取的内容。另外还可以支持转义字符，以便处理"hello\"world\""、"hello\n world"和"hello\t\t\tworld"这样的字符串字面量。

现在测试通过了：

```
$ go test ./lexer
ok      monkey/lexer    0.006s
```

太棒了！现在词法分析器能处理字符串字面量了，下面来修改语法分析器的对应部分。

4.2.2 字符串语法分析

为了让语法分析器将 token.STRING 转换为字符串字面量的 AST 节点，首先需要定义这个节点。幸好，该节点的定义非常简单，看起来与 ast.IntegerLiteral 非常类似，只是其中的 Value 字段现在需要包含 string 而不是 int64。

```
// ast/ast.go

type StringLiteral struct {
    Token token.Token
    Value string
}

func (sl *StringLiteral) expressionNode()      {}
func (sl *StringLiteral) TokenLiteral() string { return sl.Token.Literal }
func (sl *StringLiteral) String() string       { return sl.Token.Literal }
```

当然，字符串字面量是表达式，而不是语句。它们的求值结果是字符串。

有了这个定义，就可以编写一个小型测试用例，以确保语法分析器能将词法单元 token.STRING 转换成 *ast.StringLiteral：

```
// parser/parser_test.go

func TestStringLiteralExpression(t *testing.T) {
    input := `"hello world";`

    l := lexer.New(input)
    p := New(l)
    program := p.ParseProgram()
    checkParserErrors(t, p)

    stmt := program.Statements[0].(*ast.ExpressionStatement)
    literal, ok := stmt.Expression.(*ast.StringLiteral)
    if !ok {
        t.Fatalf("exp not *ast.StringLiteral. got=%T", stmt.Expression)
    }

    if literal.Value != "hello world" {
        t.Errorf("literal.Value not %q. got=%q", "hello world", literal.Value)
    }
}
```

运行测试会导致语法分析器报告一个熟悉的错误：

```
$ go test ./parser
--- FAIL: TestStringLiteralExpression (0.00s)
  parser_test.go:888: parser has 1 errors
  parser_test.go:890: parser error: "no prefix parse function for STRING found"
FAIL
FAIL    monkey/parser    0.007s
```

前面已经遇到这个问题很多次了，你应该能解决。我们要做的就是为 token.STRING 词法单元注册一个新的 prefixParseFn。之后这个解析函数就能返回 *ast.StringLiteral 了：

```
// parser/parser.go

func New(l *lexer.Lexer) *Parser {
// [...]
    p.registerPrefix(token.STRING, p.parseStringLiteral)
// [...]
}

func (p *Parser) parseStringLiteral() ast.Expression {
    return &ast.StringLiteral{Token: p.curToken, Value: p.curToken.Literal}
}
```

只新加了 3 行代码，测试就通过了。

```
$ go test ./parser
ok      monkey/parser    0.007s
```

现在词法分析器将字符串转换成了 token.STRING 词法单元，而语法分析器将后者转换成了 *ast.StringLiteral 节点。接下来就能修改对象系统和求值器了。

4.2.3　字符串求值

与表示整数相同，在对象系统中表示字符串也很简单。之所以很简单，是因为这里复用了 Go 的 string 数据类型。如果向所实现的语言添加一种宿主语言中不存在的数据类型就会比较困难。比如在 C 语言中没有字符串，那么就需要做很多额外工作。而这里只需要定义一个新对象来持有 string 即可：

```
// object/object.go

const (
// [...]
    STRING_OBJ = "STRING"
)

type String struct {
    Value string
}
```

```go
func (s *String) Type() ObjectType { return STRING_OBJ }
func (s *String) Inspect() string  { return s.Value }
```

接着需要扩展求值器，以便将 *ast.StringLiteral 转换成 object.String 对象。保证这顺利运行的测试代码不多：

```go
// evaluator/evaluator_test.go

func TestStringLiteral(t *testing.T) {
    input := `"Hello World!"`

    evaluated := testEval(input)
    str, ok := evaluated.(*object.String)
    if !ok {
        t.Fatalf("object is not String. got=%T (%+v)", evaluated, evaluated)
    }

    if str.Value != "Hello World!" {
        t.Errorf("String has wrong value. got=%q", str.Value)
    }
}
```

但现在调用 Eval 不会返回 *object.String，而是会返回 nil：

```
$ go test ./evaluator
--- FAIL: TestStringLiteral (0.00s)
  evaluator_test.go:317: object is not String. got=<nil> (<nil>)
FAIL
FAIL    monkey/evaluator        0.007s
```

只需新加 2 行代码就能让测试通过，这比语法分析器的修改还少：

```go
// evaluator/evaluator.go

func Eval(node ast.Node, env *object.Environment) object.Object {
// [...]

    case *ast.StringLiteral:
        return &object.String{Value: node.Value}

// [...]
}
```

这样测试就通过了，现在可以在 REPL 中使用字符串了：

```
$ go run main.go
Hello mrnugget! This is the Monkey programming language!
Feel free to type in commands
>> "Hello world!"
Hello world!
>> let hello = "Hello there, fellow Monkey users and fans!"
>> hello
Hello there, fellow Monkey users and fans!
>> let giveMeHello = fn() { "Hello!" }
```

```
>> giveMeHello()
Hello!
```

现在 Monkey 解释器完全支持字符串了，真棒！或许我应该这么做。

```
>> "This is amazing!"
This is amazing!
```

4.2.4 字符串连接

不错，现在有了字符串数据类型。但除了创建字符串还做不了其他事情，接下来完善字符串。本节将为解释器实现字符串连接功能。为此需要让中缀运算符+支持字符串操作数。

下面的测试完美地展示了我们期望的结果：

```go
// evaluator/evaluator_test.go

func TestStringConcatenation(t *testing.T) {
    input := `"Hello" + " " + "World!"`

    evaluated := testEval(input)
    str, ok := evaluated.(*object.String)
    if !ok {
        t.Fatalf("object is not String. got=%T (%+v)", evaluated, evaluated)
    }

    if str.Value != "Hello World!" {
        t.Errorf("String has wrong value. got=%q", str.Value)
    }
}
```

同时还要扩展 TestErrorHandling 函数，以确保只有+运算符支持字符串操作数：

```go
// evaluator/evaluator_test.go

func TestErrorHandling(t *testing.T) {
    tests := []struct {
        input           string
        expectedMessage string
    }{
// [...]
        {
            `"Hello" - "World"`,
            "unknown operator: STRING - STRING",
        },
// [...]
    }
// [...]
}
```

第 4 章 扩展解释器

测试用例已经完成，它更像是一种规范和回归测试，而不只是检查了实现正确与否。不过字符串连接的测试失败了：

```
$ go test ./evaluator
--- FAIL: TestStringConcatenation (0.00s)
  evaluator_test.go:336: object is not String. got=*object.Error\
    (&{Message:unknown operator: STRING + STRING})
FAIL
FAIL    monkey/evaluator           0.007s
```

需要修改的地方是 `evalInfixExpression`。这里需要在现有的 `switch` 语句中添加一个新的 `case` 分支，表示当 2 个操作数都是字符串时，需要进行求值：

```go
// evaluator/evaluator.go

func evalInfixExpression(
    operator string,
    left, right object.Object,
) object.Object {
    switch {
// [...]
    case left.Type() == object.STRING_OBJ && right.Type() == object.STRING_OBJ:
        return evalStringInfixExpression(operator, left, right)
// [...]
    }
}
```

这个 `evalStringInfixExpression` 实现可能是最简短的：

```go
// evaluator/evaluator.go

func evalStringInfixExpression(
    operator string,
    left, right object.Object,
) object.Object {
    if operator != "+" {
        return newError("unknown operator: %s %s %s",
            left.Type(), operator, right.Type())
    }

    leftVal := left.(*object.String).Value
    rightVal := right.(*object.String).Value
    return &object.String{Value: leftVal + rightVal}
}
```

其中第一件事是检查运算符是否正确。如果运算符是受支持的+，那么字符串对象会被解包并构造成一个由 2 个操作数拼接而成的新字符串。

如果想让字符串支持更多的运算符，就可以在这里添加相关内容。此外，如果想支持字符串比较，那么可以在这里添加==和!=，但注意不能比较字符串指针，而是要比较字符串的值。

就这些，测试通过了：

```
$ go test ./evaluator
ok      monkey/evaluator        0.007s
```

现在就可以使用字符串字面量了。可以将字符串作为参数传递、绑定给名称、从函数返回，还可以拼接字符串：

```
>> let makeGreeter = fn(greeting) { fn(name) { greeting + " " + name + "!" } };
>> let hello = makeGreeter("Hello");
>> hello("Thorsten");
Hello Thorsten!
>> let heythere = makeGreeter("Hey there");
>> heythere("Thorsten");
Hey there Thorsten!
```

好棒！字符串现在能在解释器中正常运行。但还可以添加一些其他东西来与其协同工作。

4.3 内置函数

本节将给解释器添加内置函数。之所以称为"内置"，是因为这些函数不是由解释器的用户定义的，也不是用 Monkey 代码编写的，而是直接内置在解释器和语言本身中的函数。

这些内置函数用 Go 语言定义，在 Monkey 世界与实现的解释器世界之间充当桥梁的作用。许多语言提供了内置函数，向用户提供语言本身所不具备的功能。

比如需要用一个函数来返回当前时间。为了获得当前时间，可以询问操作系统内核（或另一台计算机）。询问内核并与之进行通信通常需要用到系统调用。但是如果编程语言没有为用户提供这类系统调用，则该语言实现（无论是编译器还是解释器）必须提供某些功能作为替代品来完成这些系统调用。

因此，要添加的内置函数由我们（解释器的实现者）定义。解释器的用户可以调用这些由我们定义的函数。具体实现哪些内置函数并没有硬性要求，唯一的限制是，函数需要接受零个或多个 `object.Object` 作为参数并能返回一个 `object.Object`。

```
// object/object.go

type BuiltinFunction func(args ...Object) Object
```

上面是可调用的 Go 函数的类型定义。为了让这些 `BuiltinFunction` 对用户可用，需要将其配置到对象系统中，具体操作方式是进行一层封装：

```
// object/object.go

const (
// [...]
    BUILTIN_OBJ = "BUILTIN"
)

type Builtin struct {
    Fn BuiltinFunction
}

func (b *Builtin) Type() ObjectType { return BUILTIN_OBJ }
func (b *Builtin) Inspect() string  { return "builtin function" }
```

可以看到，object.Builtin 没什么特别的，只是一个封装。但是结合 object.BuiltinFunction，就可以实现第一个内置函数了。

len

解释器中要实现的第一个内置函数是 len，其任务是返回字符串中的字符数目。这个函数无法由 Monkey 的用户定义，因此需要将其内置。len 的期望行为如下所示：

```
>> len("Hello World!")
12
>> len("")
0
>> len("Hey Bob, how ya doin?")
21
```

从中应该不难看出 len 背后的思想，因此为其编写测试很简单：

```
// evaluator/evaluator_test.go

func TestBuiltinFunctions(t *testing.T) {
    tests := []struct {
        input    string
        expected interface{}
    }{
        {`len("")`, 0},
        {`len("four")`, 4},
        {`len("hello world")`, 11},
        {`len(1)`, "argument to `len` not supported, got INTEGER"},
        {`len("one", "two")`, "wrong number of arguments. got=2, want=1"},
    }

    for _, tt := range tests {
        evaluated := testEval(tt.input)
```

```go
        switch expected := tt.expected.(type) {
        case int:
            testIntegerObject(t, evaluated, int64(expected))
        case string:
            errObj, ok := evaluated.(*object.Error)
            if !ok {
                t.Errorf("object is not Error. got=%T (%+v)",
                    evaluated, evaluated)
                continue
            }
            if errObj.Message != expected {
                t.Errorf("wrong error message. expected=%q, got=%q",
                    expected, errObj.Message)
            }
        }
    }
}
```

现在这里有一些测试用例可供 len 挨个运行，分别是空字符串、普通字符串和包含空格的字符串。字符串中是否包含空格无关紧要，只有用测试跑一遍才能知道结果。测试中有包含空格的字符串；最后两个测试用例更有趣，这是要确保使用整数或错误数目的参数调用 len 时会报错，并返回一个 *object.Error。

如果运行测试，可以看到调用 len 报错了，但不是测试用例中预期的错误：

```
$ go test ./evaluator
--- FAIL: TestBuiltinFunctions (0.00s)
  evaluator_test.go:389: object is not Integer. got=*object.Error\
    (&{Message:identifier not found: len})
  evaluator_test.go:389: object is not Integer. got=*object.Error\
    (&{Message:identifier not found: len})
  evaluator_test.go:389: object is not Integer. got=*object.Error\
    (&{Message:identifier not found: len})
  evaluator_test.go:371: wrong error message.\
    expected="argument to `len` not supported, got INTEGER",\
    got="identifier not found: len"
FAIL
FAIL    monkey/evaluator        0.007s
```

这里说找不到 len，这不难理解，因为目前尚未定义 len。

为了让测试通过，首先要提供一种查找内置函数的方法。一种方法是将它们添加到顶层 object.Environment 中，然后传递给 Eval。但是这需要为内置函数创建一个单独的环境：

```
// evaluator/builtins.go

package evaluator
```

```go
import "monkey/object"

var builtins = map[string]*object.Builtin{
    "len": &object.Builtin{
        Fn: func(args ...object.Object) object.Object {
            return NULL
        },
    },
}
```

为了使用这个环境，需要修改 evalIdentifier 函数。如果在当前环境中发现某个标识符没有绑定的值，那么就在内置函数的环境中查找这个标识符：

```go
// evaluator/evaluator.go

func evalIdentifier(
    node *ast.Identifier,
    env *object.Environment,
) object.Object {
    if val, ok := env.Get(node.Value); ok {
        return val
    }

    if builtin, ok := builtins[node.Value]; ok {
        return builtin
    }

    return newError("identifier not found: " + node.Value)
}
```

因此，现在查找 len 标识符就能找到 len 了，但还无法调用：

```
$ go run main.go
Hello mrnugget! This is the Monkey programming language!
Feel free to type in commands
>> len()
ERROR: not a function: BUILTIN
>>
```

运行测试会得到同样的错误消息。解决办法是让 applyFunction 能够处理 *object.Builtin 和 object.BuiltinFunction：

```go
// evaluator/evaluator.go

func applyFunction(fn object.Object, args []object.Object) object.Object {
    switch fn := fn.(type) {

    case *object.Function:
        extendedEnv := extendFunctionEnv(fn, args)
        evaluated := Eval(fn.Body, extendedEnv)
        return unwrapReturnValue(evaluated)
```

```
        case *object.Builtin:
            return fn.Fn(args...)
        default:
            return newError("not a function: %s", fn.Type())
    }
}
```

除了修改已有代码之外，这里还添加了 case *object.Builtin 分支，在该分支中调用了 object.BuiltinFunction。这很简单，就像使用 args 切片作为参数来调用函数一样。

值得注意的是，在调用内置函数时，不需要调用 unwrapReturnValue，因为内置函数从来不会返回*object.ReturnValue。

现在，调用 len 测试的报错就是正确的，它会返回 NULL：

```
$ go test ./evaluator
--- FAIL: TestBuiltinFunctions (0.00s)
 evaluator_test.go:389: object is not Integer. got=*object.Null (&{})
 evaluator_test.go:389: object is not Integer. got=*object.Null (&{})
 evaluator_test.go:389: object is not Integer. got=*object.Null (&{})
 evaluator_test.go:366: object is not Error. got=*object.Null (&{})
 evaluator_test.go:366: object is not Error. got=*object.Null (&{})
FAIL
FAIL    monkey/evaluator        0.007s
```

这意味着现在可以调用 len 了！只是调用结果返回了 NULL。不过要解决这个问题很简单，就像编写一个 Go 函数一样：

```
// evaluator/builtins.go

import (
    "monkey/object"
)

var builtins = map[string]*object.Builtin{
    "len": &object.Builtin{
        Fn: func(args ...object.Object) object.Object {
            if len(args) != 1 {
                return newError("wrong number of arguments. got=%d, want=1",
                    len(args))
            }

            switch arg := args[0].(type) {
            case *object.String:
                return &object.Integer{Value: int64(len(arg.Value))}
            default:
                return newError("argument to `len` not supported, got %s",
                    args[0].Type())
```

```
            }
        },
    },
}
```

这个函数最重要的部分是，它调用了 Go 的 len，然后返回了一个新分配的 object.Integer。除此之外该函数还通过检查错误，来确保调用时的参数数量和参数类型相匹配。现在测试通过了：

```
$ go test ./evaluator
ok      monkey/evaluator        0.007s
```

这意味着可以在 REPL 中使用 len 了：

```
$ go run main.go
Hello mrnugget! This is the Monkey programming language!
Feel free to type in commands
>> len("1234")
4
>> len("Hello World!")
12
>> len("Wooooooohooo!", "len works!!")
ERROR: wrong number of arguments. got=2, want=1
>> len(12345)
ERROR: argument to `len` not supported, got INTEGER
```

完美！现在我们完成了第一个内置函数。下面继续。

4.4 数组

本节为 Monkey 解释器添加的数据类型是数组。在 Monkey 中，数组是含有多个元素的有序列表，其中的元素类型可以不相同。数组中的每个元素都可以单独访问。数组使用字面量形式构建，以逗号分隔列表中的元素，并用方括号括起来。

下面的代码初始化了一个新数组，并将其绑定给一个名称，然后访问了其中的单个元素：

```
>> let myArray = ["Thorsten", "Ball", 28, fn(x) { x * x }];
>> myArray[0]
Thorsten
>> myArray[2]
28
>> myArray[3](2);
4
```

可以看到，实际上 Monkey 数组中可以使用任意类型的元素。Monkey 中的任何值都可以作为数组中的元素。在这个示例中，myArray 包含 2 个字符串、1 个整数和 1 个函数。

如最后 3 行所示，用索引访问数组中的单个元素是通过一个新的运算符完成的，该运算符称为索引运算符：array[index]。

本节还会让刚刚添加的 len 函数也能支持数组，也会再添加一些其他可用于数组的内置函数：

```
>> let myArray = ["one", "two", "three"];
>> len(myArray)
3
>> first(myArray)
one
>> rest(myArray)
[two, three]
>> last(myArray)
three
>> push(myArray, "four")
[one, two, three, four]
```

在 Monkey 解释器中实现数组的基础是类型为[]object.Object 的 Go 切片，也就是说不必实现新的数据结构，复用 Go 的切片即可。

听起来很不错吧？首先，要让词法分析器能够处理一些新的词法单元。

4.4.1　在词法分析器中支持数组

为了正确解析数组字面量和索引运算符，词法分析器需要在现有基础上，识别一些新的词法单元。在 Monkey 中构造和使用数组时，需要用到的词法单元包括[、]和,。词法分析器已经能够处理逗号,,因此这里只需添加对[和]的支持。

第一步是在 token 包中定义以下新的词法单元类型：

```
// token/token.go

const (
// [...]

    LBRACKET = "["
    RBRACKET = "]"

// [...]
)
```

第二步是扩展词法分析器的测试套件。这很简单，之前已经做过很多次了：

```go
// lexer/lexer_test.go

func TestNextToken(t *testing.T) {
    input := `let five = 5;
let ten = 10;

let add = fn(x, y) {
    x + y;
};

let result = add(five, ten);
!-/*5;
5 < 10 > 5;

if (5 < 10) {
    return true;
} else {
    return false;
}

10 == 10;
10 != 9;
"foobar"
"foo bar"
[1, 2];
`
    tests := []struct {
        expectedType    token.TokenType
        expectedLiteral string
    }{
// [...]
        {token.LBRACKET, "["},
        {token.INT, "1"},
        {token.COMMA, ","},
        {token.INT, "2"},
        {token.RBRACKET, "]"},
        {token.SEMICOLON, ";"},
        {token.EOF, ""},
    }
// [...]
}
```

同样，还要扩展 input，让其包括新的词法单元，在这里是[1, 2]。另外，添加新测试，以确保词法分析器的 NextToken 方法确实返回了 token.LBRACKET 和 token.RBRACKET。

让测试通过很简单，只需向 NextToken()添加 4 行代码。是的，只要 4 行：

```go
// lexer/lexer.go

func (l *Lexer) NextToken() token.Token {
```

```
// [...]
    case '[':
        tok = newToken(token.LBRACKET, l.ch)
    case ']':
        tok = newToken(token.RBRACKET, l.ch)
// [...]
}
```

测试通过：

```
$ go test ./lexer
ok      monkey/lexer    0.006s
```

在语法分析器中，现在可以使用 token.LBRACKET 和 token.RBRACKET 解析数组。

4.4.2 数组字面量语法分析

如前所述，Monkey 中的数组字面量是用逗号分隔的表达式列表，这些表达式由左方括号和右方括号括起来了。

```
[1, 2, 3 + 3, fn(x) { x }, add(2, 2)]
```

数组字面量中的元素可以是任何类型的表达式，比如整数字面量、函数字面量、中缀表达式或前缀表达式等。

听上去好像很复杂，不过请放心。前面已经介绍了如何解析用逗号分隔的表达式列表，也就是函数调用的参数，也介绍了如何解析匹配以词法单元括起来的内容。下面就在这个基础上开始处理数组字面量。

首先要为数组字面量定义 AST 节点。我们已经有了定义节点的基本框架，因此该节点的定义很简单：

```
// ast/ast.go

type ArrayLiteral struct {
    Token    token.Token // '['词法单元
    Elements []Expression
}

func (al *ArrayLiteral) expressionNode()      {}
func (al *ArrayLiteral) TokenLiteral() string { return al.Token.Literal }
func (al *ArrayLiteral) String() string {
    var out bytes.Buffer

    elements := []string{}
    for _, el := range al.Elements {
```

```
            elements = append(elements, el.String())
        }

        out.WriteString("[")
        out.WriteString(strings.Join(elements, ", "))
        out.WriteString("]")

        return out.String()
    }
```

下面这个测试函数能确保解析数组字面量后返回*ast.ArrayLiteral。另外，我还添加了一个使用空数组字面量的测试函数，以确保数组在棘手的边缘情况下也能正常运行。

```
// parser/parser_test.go

func TestParsingArrayLiterals(t *testing.T) {
    input := "[1, 2 * 2, 3 + 3]"

    l := lexer.New(input)
    p := New(l)
    program := p.ParseProgram()
    checkParserErrors(t, p)

    stmt, ok := program.Statements[0].(*ast.ExpressionStatement)
    array, ok := stmt.Expression.(*ast.ArrayLiteral)
    if !ok {
        t.Fatalf("exp not ast.ArrayLiteral. got=%T", stmt.Expression)
    }

    if len(array.Elements) != 3 {
        t.Fatalf("len(array.Elements) not 3. got=%d", len(array.Elements))
    }

    testIntegerLiteral(t, array.Elements[0], 1)
    testInfixExpression(t, array.Elements[1], 2, "*", 2)
    testInfixExpression(t, array.Elements[2], 3, "+", 3)
}
```

为了确保表达式的解析确实有效，测试的输入还包含了两个中缀运算符表达式，不过使用整数或布尔字面量就足够了。除此之外就没什么特别的了，测试只是确保语法分析器确实返回了带有正确数量元素的*ast.ArrayLiteral。

为了让测试通过，需要在语法分析器中注册一个新的prefixParseFn，因为数组字面量开头的左方括号token.LBRACKET位于前缀位置。

```
// parser/parser.go

func New(l *lexer.Lexer) *Parser {
// [...]
```

```
        p.registerPrefix(token.LBRACKET, p.parseArrayLiteral)
// [...]
}

func (p *Parser) parseArrayLiteral() ast.Expression {
    array := &ast.ArrayLiteral{Token: p.curToken}

    array.Elements = p.parseExpressionList(token.RBRACKET)

    return array
}
```

之前添加过很多 prefixParseFn，所以这里没什么新奇的。这里值得注意的是新方法 parseExpressionList。该方法是在 parseCallArguments 的基础上修改后的通用版本，后者在之前的 parseCallExpression 中用来解析以逗号分隔的参数列表：

```
// parser/parser.go

func (p *Parser) parseExpressionList(end token.TokenType) []ast.Expression {
    list := []ast.Expression{}

    if p.peekTokenIs(end) {
        p.nextToken()
        return list
    }

    p.nextToken()
    list = append(list, p.parseExpression(LOWEST))

    for p.peekTokenIs(token.COMMA) {
        p.nextToken()
        p.nextToken()
        list = append(list, p.parseExpression(LOWEST))
    }

    if !p.expectPeek(end) {
        return nil
    }

    return list
}
```

同样，这些操作之前在 parseCallArguments 中都见过。唯一的修改是新版本会接受一个 end 参数，用来告诉方法哪个词法单元表示列表的结尾。parseCallExpression 方法之前是 parseCallArguments，更新后的版本如下所示：

```
// parser/parser.go

func (p *Parser) parseCallExpression(function ast.Expression) ast.Expression {
    exp := &ast.CallExpression{Token: p.curToken, Function: function}
```

```
    exp.Arguments = p.parseExpressionList(token.RPAREN)
    return exp
}
```

其中唯一的修改是使用 token.RPAREN（表示参数列表的末尾）调用 parseExpressionList。只要修改几行代码就能复用一个比较大的方法。太棒了！最棒的是测试通过了：

```
$ go test ./parser
ok      monkey/parser    0.007s
```

现在解析数组字面量的工作完成了。

4.4.3　索引运算符表达式语法分析

为了完全支持 Monkey 中的数组，不仅需要解析数组字面量，还需要解析索引运算符表达式。也许"索引运算符"这个名字让人感到生疏，但是我打赌你一定知道它是什么。索引运算符表达式如下所示：

```
myArray[0];
myArray[1];
myArray[2];
```

这是基本形式，还有很多其他的形式。请看看能不能从下面这些示例中总结出其基本结构：

```
[1, 2, 3, 4][2];

let myArray = [1, 2, 3, 4];
myArray[2];

myArray[2 + 1];

returnsArray()[1];
```

是的，完全正确！基本结构是这样的：

```
<表达式>[<表达式>]
```

看上去很简单。现在需要定义一个名为 ast.IndexExpression 的新 AST 节点，用来表示这种结构：

```
// ast/ast.go

type IndexExpression struct {
    Token token.Token // '['词法单元
    Left  Expression
    Index Expression
```

```go
}

func (ie *IndexExpression) expressionNode()      {}
func (ie *IndexExpression) TokenLiteral() string { return ie.Token.Literal }
func (ie *IndexExpression) String() string {
    var out bytes.Buffer

    out.WriteString("(")
    out.WriteString(ie.Left.String())
    out.WriteString("[")
    out.WriteString(ie.Index.String())
    out.WriteString("])")

    return out.String()
}
```

请务必注意，Left 和 Index 都是表达式。Left 是正在访问的对象，可以是任何类型，包括标识符、数组字面量、函数调用等。Index 也是如此，可以是任何表达式。从语法上讲，Index 可以是任何类型的表达式，但在语义上，该表达式必须产生一个整数。

由于 Left 和 Index 都是表达式，因此解析过程就很简单了，因为可以直接使用 parseExpression 方法对它们进行解析。不过重要的事情先做，这里需要编写一个测试用例，确保语法分析器的确能够返回*ast.IndexExpression：

```go
// parser/parser_test.go
func TestParsingIndexExpressions(t *testing.T) {
    input := "myArray[1 + 1]"

    l := lexer.New(input)
    p := New(l)
    program := p.ParseProgram()
    checkParserErrors(t, p)

    stmt, ok := program.Statements[0].(*ast.ExpressionStatement)
    indexExp, ok := stmt.Expression.(*ast.IndexExpression)
    if !ok {
        t.Fatalf("exp not *ast.IndexExpression. got=%T", stmt.Expression)
    }

    if !testIdentifier(t, indexExp.Left, "myArray") {
        return
    }

    if !testInfixExpression(t, indexExp.Index, 1, "+", 1) {
        return
    }
}
```

目前这个测试只是检查语法分析器在遇到包含索引表达式的单个表达式语句时，能否输出正确的 AST。另外，语法分析器能否正确处理索引运算符的优先级也同样重要。索引运算符在所有运算符中必须具有最高的优先级。要想确保这一点，只需简单地扩展现有的 TestOperatorPrecedenceParsing 测试函数：

```go
// parser/parser_test.go

func TestOperatorPrecedenceParsing(t *testing.T) {
    tests := []struct {
        input    string
        expected string
    }{
// [...]
        {
            "a * [1, 2, 3, 4][b * c] * d",
            "((a * ([1, 2, 3, 4][(b * c)])) * d)",
        },
        {
            "add(a * b[2], b[1], 2 * [1, 2][1])",
            "add((a * (b[2])), (b[1]), (2 * ([1, 2][1])))",
        },
    }
// [...]
}
```

*ast.IndexExpression 中的 String()方法输出的内容含有(和)，这对编写测试很有帮助，因为通过括号能看出索引运算符的优先级。在这些添加的测试用例中，我们期望的是，索引运算符的优先级高于调用表达式的优先级，甚至高于中缀表达式中*运算符的优先级。

这个测试会失败，因为现在语法分析器还不能处理索引表达式：

```
$ go test ./parser
--- FAIL: TestOperatorPrecedenceParsing (0.00s)
 parser_test.go:393: expected="((a * ([1, 2, 3, 4][(b * c)])) * d)",\
   got="(a * [1, 2, 3, 4])([(b * c)] * d)"
 parser_test.go:968: parser has 4 errors
 parser_test.go:970: parser error: "expected next token to be ), got [ instead"
 parser_test.go:970: parser error: "no prefix parse function for , found"
 parser_test.go:970: parser error: "no prefix parse function for , found"
 parser_test.go:970: parser error: "no prefix parse function for ) found"
--- FAIL: TestParsingIndexExpressions (0.00s)
 parser_test.go:835: exp not *ast.IndexExpression. got=*ast.Identifier
FAIL
FAIL    monkey/parser   0.007s
```

虽然这个测试反馈的错误是缺少 prefixParseFn，但实际上缺少的是 infixParseFn。是的，索引运算符表达式左右两侧的操作数之间其实并没有单个运算符，但是为了解析方便，就像之前处理调用表达式所做的那样，这里将其当作有运算符来处理。具体来说，也就是将 myArray[0] 中的 [视为中缀运算符，将 myArray 视为左操作数，将 0 视为右操作数。

这样代码的实现就能很好地与当前的语法分析器契合：

```
// parser/parser.go

func New(l *lexer.Lexer) *Parser {
// [...]

    p.registerInfix(token.LBRACKET, p.parseIndexExpression)

// [...]
}

func (p *Parser) parseIndexExpression(left ast.Expression) ast.Expression {
    exp := &ast.IndexExpression{Token: p.curToken, Left: left}

    p.nextToken()
    exp.Index = p.parseExpression(LOWEST)

    if !p.expectPeek(token.RBRACKET) {
        return nil
    }

    return exp
}
```

不错！但这并不能让测试通过：

```
$ go test ./parser
--- FAIL: TestOperatorPrecedenceParsing (0.00s)
  parser_test.go:393: expected="((a * ([1, 2, 3, 4][(b * c)])) * d)",\
    got="(a * [1, 2, 3, 4])([(b * c)] * d)"
  parser_test.go:968: parser has 4 errors
  parser_test.go:970: parser error: "expected next token to be ), got [ instead"
  parser_test.go:970: parser error: "no prefix parse function for , found"
  parser_test.go:970: parser error: "no prefix parse function for , found"
  parser_test.go:970: parser error: "no prefix parse function for ) found"
--- FAIL: TestParsingIndexExpressions (0.00s)
  parser_test.go:835: exp not *ast.IndexExpression. got=*ast.Identifier
FAIL
FAIL monkey/parser 0.008s
```

这是因为普拉特语法分析器背后的整个思想都是基于优先级，而刚才还没有定义索引运算符的优先级：

```
// parser/parser.go
const (
    _ int = iota
```

```
// [...]
    INDEX         // array[index]
)

var precedences = map[token.TokenType]int{
// [...]
    token.LBRACKET: INDEX,
}
```

INDEX 的定义要放在 const 块的最后一行，这很重要，因为 iota 会让 INDEX 在所有定义的优先级常量中拥有最高的优先级。precedences 中添加的 INDEX 赋予了 token.LBRACKET 最高的优先级。这样测试就神奇地通过了：

```
$ go test ./parser
ok      monkey/parser   0.007s
```

完成了词法分析器和语法分析器，下面来处理求值器。

4.4.4 数组字面量求值

求值数组字面量并不难。将 Monkey 数组映射到 Go 的切片中能省去不少工作，这样就不必实现新的数据结构了。我们只需定义一个新的 object.Array 类型，作为对数组字面量的求值结果。而定义 object.Array 很简单，因为 Monkey 中的数组本身就很简单，它们只是对象列表。

```
// object/object.go

const (
// [...]
    ARRAY_OBJ = "ARRAY"
)

type Array struct {
    Elements []Object
}

func (ao *Array) Type() ObjectType { return ARRAY_OBJ }
func (ao *Array) Inspect() string {
    var out bytes.Buffer

    elements := []string{}
    for _, e := range ao.Elements {
        elements = append(elements, e.Inspect())
    }

    out.WriteString("[")
    out.WriteString(strings.Join(elements, ", "))
    out.WriteString("]")
```

```
        return out.String()
}
```

不难看出，这个定义中最复杂的是 Inspect 方法。不过这个方法很容易理解。

下面是数组字面量的求值测试：

```
// evaluator/evaluator_test.go

func TestArrayLiterals(t *testing.T) {
    input := "[1, 2 * 2, 3 + 3]"

    evaluated := testEval(input)
    result, ok := evaluated.(*object.Array)
    if !ok {
        t.Fatalf("object is not Array. got=%T (%+v)", evaluated, evaluated)
    }

    if len(result.Elements) != 3 {
        t.Fatalf("array has wrong num of elements. got=%d",
            len(result.Elements))
    }

    testIntegerObject(t, result.Elements[0], 1)
    testIntegerObject(t, result.Elements[1], 4)
    testIntegerObject(t, result.Elements[2], 6)
}
```

与之前的语法分析器一样，这里也可以复用一些代码来让测试通过。同样，这里复用的代码最初也是为调用表达式编写的。下面添加的 case 分支会对*ast.ArrayLiteral 求值并生成数组对象：

```
// evaluator/evaluator.go

func Eval(node ast.Node, env *object.Environment) object.Object {
// [...]

    case *ast.ArrayLiteral:
        elements := evalExpressions(node.Elements, env)
        if len(elements) == 1 && isError(elements[0]) {
            return elements[0]
        }
        return &object.Array{Elements: elements}
    }

// [...]
}
```

这不就是编程的最大乐趣之一吗？复用已有代码，而不是让其变得平庸、复杂、冗长。

测试通过了，现在可以在 REPL 中使用数组字面量生成数组了：

```
$ go run main.go
Hello mrnugget! This is the Monkey programming language!
Feel free to type in commands
>> [1, 2, 3, 4]
[1, 2, 3, 4]
>> let double = fn(x) { x * 2 };
>> [1, double(2), 3 * 3, 4 - 3]
[1, 4, 9, 1]
>>
```

很了不起，不是吗？但现在还无法用索引运算符来访问其中的元素。

4.4.5 索引运算符表达式求值

好消息是，与解析相比，对索引运算表达式求值很简单。刚刚已经完成了不少工作，唯一剩下的问题是在获取数组的元素时可能出现"差一错误"。针对这个问题，下面会向测试套件中添加一些测试：

```go
// evaluator/evaluator_test.go

func TestArrayIndexExpressions(t *testing.T) {
    tests := []struct {
        input    string
        expected interface{}
    }{
        {
            "[1, 2, 3][0]",
            1,
        },
        {
            "[1, 2, 3][1]",
            2,
        },
        {
            "[1, 2, 3][2]",
            3,
        },
        {
            "let i = 0; [1][i];",
            1,
        },
        {
            "[1, 2, 3][1 + 1];",
            3,
        },
        {
            "let myArray = [1, 2, 3]; myArray[2];",
            3,
```

```
        },
        {
            "let myArray = [1, 2, 3]; myArray[0] + myArray[1] + myArray[2];",
            6,
        },
        {
            "let myArray = [1, 2, 3]; let i = myArray[0]; myArray[i]",
            2,
        },
        {
            "[1, 2, 3][3]",
            nil,
        },
        {
            "[1, 2, 3][-1]",
            nil,
        },
    }

    for _, tt := range tests {
        evaluated := testEval(tt.input)
        integer, ok := tt.expected.(int)
        if ok {
            testIntegerObject(t, evaluated, int64(integer))
        } else {
            testNullObject(t, evaluated)
        }
    }
}
```

好吧，我承认，这些测试可能有点冗余。这里测试的许多内容其实已经在其他地方测试过了。不过这些测试用例编写起来很简单，可读性很好，我挺喜欢的。

注意这些测试指定的期望行为，其中包含一些尚未介绍的内容，比如使用超出数组范围的索引时将返回 NULL。有些编程语言在这种情况下会报错，而另一些编程语言会返回 NULL。Monkey 选择返回 NULL。

如预期的那样，测试失败了，还发生了错误：

```
$ go test ./evaluator
--- FAIL: TestArrayIndexExpressions (0.00s)
  evaluator_test.go:492: object is not Integer. got=<nil> (<nil>)
  evaluator_test.go:492: object is not Integer. got=<nil> (<nil>)
  evaluator_test.go:492: object is not Integer. got=<nil> (<nil>)
  evaluator_test.go:492: object is not Integer. got=<nil> (<nil>)
  evaluator_test.go:492: object is not Integer. got=<nil> (<nil>)
panic: runtime error: invalid memory address or nil pointer dereference
[signal SIGSEGV: segmentation violation code=0x1 addr=0x28 pc=0x70057]
[redacted: backtrace here]
FAIL    monkey/evaluator        0.011s
```

如何解决这个问题并对索引表达式求值呢？前面已经看到，索引运算符的左操作数可以是任何表达式，索引本身也可以是任何表达式。这意味着需要先对这两个表达式求值，然后才能对"索引"这个行为求值。否则我们实际上是在访问标识符或函数调用的元素，这样是无效的。

下面是*ast.IndexExpression 的 case 分支，用来进行所需的 Eval 调用：

```go
// evaluator/evaluator.go

func Eval(node ast.Node, env *object.Environment) object.Object {
// [...]

    case *ast.IndexExpression:
        left := Eval(node.Left, env)
        if isError(left) {
            return left
        }
        index := Eval(node.Index, env)
        if isError(index) {
            return index
        }
        return evalIndexExpression(left, index)

// [...]
}
```

下面是其中使用的 evalIndexExpression 函数：

```go
// evaluator/evaluator.go

func evalIndexExpression(left, index object.Object) object.Object {
    switch {
    case left.Type() == object.ARRAY_OBJ && index.Type() == object.INTEGER_OBJ:
        return evalArrayIndexExpression(left, index)
    default:
        return newError("index operator not supported: %s", left.Type())
    }
}
```

这里也可以使用 if 语句，不过用 switch 语句是因为本章后面还会添加另一个 case 分支。这个函数除了错误处理（为此我还添加了一个测试），没有什么特别之处，真正的操作在 evalArrayIndexExpression 中进行：

```go
// evaluator/evaluator.go

func evalArrayIndexExpression(array, index object.Object) object.Object {
    arrayObject := array.(*object.Array)
    idx := index.(*object.Integer).Value
    max := int64(len(arrayObject.Elements) - 1)
```

```
    if idx < 0 || idx > max {
        return NULL
    }

    return arrayObject.Elements[idx]
}
```

这里的操作实际上是根据索引从数组中检索指定的元素。这个函数除了一些类型检查和转换之外,其他都很简单。它会检查给定的索引是否超出范围,如果是就返回 NULL,否则返回所需的元素。现在测试通过了:

```
$ go test ./evaluator
ok      monkey/evaluator        0.007s
```

放松一下,看一看下面的代码:

```
$ go run main.go
Hello mrnugget! This is the Monkey programming language!
Feel free to type in commands
>> let a = [1, 2 * 2, 10 - 5, 8 / 2];
>> a[0]
1
>> a[1]
4
>> a[5 - 3]
5
>> a[99]
null
```

现在可以从数组中检索元素了,真棒!我只能再次说,实现这个语言功能的确非常容易,不是吗?

4.4.6　为数组添加内置函数

现在可以使用数组字面量构造数组了,而且可以使用索引表达式访问单个元素。仅这两个功能就使数组非常有用。为了让数组更加实用,还需要添加一些内置函数。本节将实现这些内置函数。

本节不会列出太多测试代码和测试用例,因为针对数组内置函数的测试并没有新的内容,反而会占用不少篇幅。在 TestBuiltinFunctions 中已经有内置函数的"测试框架"了,而本节新添加的测试也遵循已有的模式,你可以在随书附带的 code 文件夹中查看。

这里的目标是添加新的内置函数。但实际上要做的第一件事不是添加新函数,而是修改已有的函数。具体来说是需要让 len 能够处理数组,目前这个函数只能处理字符串:

```go
// evaluator/builtins.go

var builtins = map[string]*object.Builtin{
    "len": &object.Builtin{
        Fn: func(args ...object.Object) object.Object {
            if len(args) != 1 {
                return newError("wrong number of arguments. got=%d, want=1",
                    len(args))
            }

            switch arg := args[0].(type) {
            case *object.Array:
                return &object.Integer{Value: int64(len(arg.Elements))}
            case *object.String:
                return &object.Integer{Value: int64(len(arg.Value))}
            default:
                return newError("argument to `len` not supported, got %s",
                    args[0].Type())
            }
        },
    },
}
```

其中唯一的修改是添加针对 *object.Array 的 case 分支，之后就可以添加新函数了。

第一个添加的新内置函数是 first，该函数用来返回给定数组的第一个元素。是的，调用 myArray[0] 也能完成相同的任务，但 first 更漂亮。下面是其实现：

```go
// evaluator/builtins.go

var builtins = map[string]*object.Builtin{
// [...]

    "first": &object.Builtin{
        Fn: func(args ...object.Object) object.Object {
            if len(args) != 1 {
                return newError("wrong number of arguments. got=%d, want=1",
                    len(args))
            }
            if args[0].Type() != object.ARRAY_OBJ {
                return newError("argument to `first` must be ARRAY, got %s",
                    args[0].Type())
            }

            arr := args[0].(*object.Array)
            if len(arr.Elements) > 0 {
                return arr.Elements[0]
            }
```

```
            return NULL
        },
    },
}
```

不错，这样就完成了！first 后面是哪个内置函数呢？没错，下一个添加的函数是 last。

last 的任务是返回给定数组的最后一个元素。用索引运算符表示，就是返回 myArray[len(myArray)-1]。事实证明，实现 last 并不比实现 first 难。下面是其代码：

```
// evaluator/builtins.go

var builtins = map[string]*object.Builtin{
// [...]

    "last": &object.Builtin{
        Fn: func(args ...object.Object) object.Object {
            if len(args) != 1 {
                return newError("wrong number of arguments. got=%d, want=1",
                    len(args))
            }
            if args[0].Type() != object.ARRAY_OBJ {
                return newError("argument to `last` must be ARRAY, got %s",
                    args[0].Type())
            }

            arr := args[0].(*object.Array)
            length := len(arr.Elements)
            if length > 0 {
                return arr.Elements[length-1]
            }

            return NULL
        },
    },
}
```

下一个添加的内置函数在 Scheme 中称为 cdr，在其他一些编程语言中称为 tail，而 Monkey 将其称为 rest。如果向 rest 传递一个数组作为参数，那么 rest 会返回一个新数组，其中包含原数组**除第一个元素之外**的所有元素。它的使用方法如下：

```
>> let a = [1, 2, 3, 4];
>> rest(a)
[2, 3, 4]
>> rest(rest(a))
[3, 4]
>> rest(rest(rest(a)))
```

```
[4]
>> rest(rest(rest(rest(a))))
[]
>> rest(rest(rest(rest(rest(a)))))
null
```

rest 的实现很简单，不过要注意，其返回的是**新分配的数组**，rest 不会修改传递过来的原数组：

```go
// evaluator/builtins.go

var builtins = map[string]*object.Builtin{
// [...]

    "rest": &object.Builtin{
        Fn: func(args ...object.Object) object.Object {
            if len(args) != 1 {
                return newError("wrong number of arguments. got=%d, want=1",
                    len(args))
            }
            if args[0].Type() != object.ARRAY_OBJ {
                return newError("argument to `rest` must be ARRAY, got %s",
                    args[0].Type())
            }

            arr := args[0].(*object.Array)
            length := len(arr.Elements)
            if length > 0 {
                newElements := make([]object.Object, length-1, length-1)
                copy(newElements, arr.Elements[1:length])
                return &object.Array{Elements: newElements}
            }

            return NULL
        },
    },
}
```

最后一个在解释器中内置的数组函数名为 push，用于将新元素添加到数组的末尾。但关键是该函数不会修改原数组，而是会分配一个新数组。新数组具有与原数组相同的元素，以及一个新压栈的元素。注意，数组在 Monkey 中是不可变的。下面是 push 的执行情况：

```
>> let a = [1, 2, 3, 4];
>> let b = push(a, 5);
>> a
[1, 2, 3, 4]
>> b
[1, 2, 3, 4, 5]
```

下面是 push 的实现。

```
// evaluator/builtins.go

var builtins = map[string]*object.Builtin{
// [...]
    "push": &object.Builtin{
        Fn: func(args ...object.Object) object.Object {
            if len(args) != 2 {
                return newError("wrong number of arguments. got=%d, want=2",
                    len(args))
            }
            if args[0].Type() != object.ARRAY_OBJ {
                return newError("argument to `push` must be ARRAY, got %s",
                    args[0].Type())
            }

            arr := args[0].(*object.Array)
            length := len(arr.Elements)

            newElements := make([]object.Object, length+1, length+1)
            copy(newElements, arr.Elements)
            newElements[length] = args[1]

            return &object.Array{Elements: newElements}
        },
    },
}
```

4.4.7 测试驱动数组

现在有了数组字面量、索引运算符和一些内置函数，它们可以用来处理数组。是时候测试一下了，来看看它们实际的作用。

用 first、rest 和 push 可以构建一个 map 函数：

```
let map = fn(arr, f) {
  let iter = fn(arr, accumulated) {
    if (len(arr) == 0) {
      accumulated
    } else {
      iter(rest(arr), push(accumulated, f(first(arr))));
    }
  };

  iter(arr, []);
};
```

map 可以执行以下操作：

```
>> let a = [1, 2, 3, 4];
>> let double = fn(x) { x * 2 };
```

```
>> map(a, double);
[2, 4, 6, 8]
```

是不是很神奇？不止这些！同样基于这些内置函数，还可以定义一个 reduce 函数：

```
let reduce = fn(arr, initial, f) {
  let iter = fn(arr, result) {
    if (len(arr) == 0) {
      result
    } else {
      iter(rest(arr), f(result, first(arr)));
    }
  };

  iter(arr, initial);
};
```

reduce 可以进一步用来定义 sum 函数：

```
let sum = fn(arr) {
  reduce(arr, 0, fn(initial, el) { initial + el });
};
```

这个函数很好用：

```
>> sum([1, 2, 3, 4, 5]);
15
```

我并不是喜欢自夸的人，但成绩有目共睹，Monkey 解释器太棒了！它现在连 map 和 reduce 都有了！

这还不是所有的功能！我们还能编写更多函数和功能，我建议你探索一下用数组数据类型和这些内置函数还能做些什么。不过目前可以先抽出一些时间向朋友和家人汇报一下成绩，然后享受赞美和鼓励吧。之后我们继续添加另一种数据类型。

4.5 哈希表

下一个要添加的数据类型是**哈希表**。Monkey 中的哈希表在其他编程语言中有时称为映射、哈希映射、散列表或字典。哈希表中的值都会映射到对应的键上。

为了在 Monkey 中构造哈希表，需要使用哈希字面量：用花括号括起来的键–值对列表，列表中的键–值对用逗号分隔。每个键–值对都使用冒号来区分键和值。哈希字面量的用法如下所示：

```
>> let myHash = {"name": "Jimmy", "age": 72, "band": "Led Zeppelin"};
>> myHash["name"]
```

```
Jimmy
>> myHash["age"]
72
>> myHash["band"]
Led Zeppelin
```

在这个示例中，myHash 包含 3 个键–值对。键都是字符串。而且可以看到，可以使用索引运算符表达式从哈希表中获取值，就像使用数组那样。只是在这个示例中，索引值是字符串，而数组中的索引值不能是字符串。不仅如此，哈希表的键还可以使用其他数据类型：

```
>> let myHash = {true: "yes, a boolean", 99: "correct, an integer"};
>> myHash[true]
yes, a boolean
>> myHash[99]
correct, an integer
```

上面的用法也是可以的。实际上除了字符串、整数和布尔字面量，其他任何表达式都可以用作索引运算符表达式中的索引：

```
>> myHash[5 > 1]
yes, a boolean
>> myHash[100 - 1]
correct, an integer
```

只要这些表达式的求值结果是字符串、整数或布尔值，就可以用作哈希表的键。这里 `5 > 1` 的求值结果为 `true`；而 `100 - 1` 的求值结果为 `99`，这两个结果都是有效的，可以在 myHash 中映射到值。

不出意外，Monkey 哈希表的实现也将使用 Go 的 map 作为基础数据结构。但是由于 Monkey 计划同时支持字符串、整数和布尔值作为键，因此需要在原 map 上添加一些内容才能使其正常工作，这在后面扩展对象系统时会介绍。现在先将哈希字面量转换为词法单元。

4.5.1　哈希字面量词法分析

如何将哈希字面量转换为词法单元呢？词法分析器需要识别并输出哪些词法单元，以便后面的语法分析器使用？下面再次列出了之前的哈希字面量：

```
{"name": "Jimmy", "age": 72, "band": "Led Zeppelin"}
```

除了字符串和整数字面量，这里还有 4 个重要的字符：{、}、, 和 :。之前处理过前 3 个，词法分析器会将它们分别转换为 token.LBRACE、token.RBRACE 和 token.COMMA。也就是说，本节要做的就是将 : 转换为词法单元。

为此，首先需要在 token 包中定义 : 的词法单元类型：

```
// token/token.go

const (
// [...]
    COLON = ":"
// [...]
)
```

接着为 Lexer 的 NextToken 方法添加一个新的测试，以期获得一个 token.COLON：

```
// lexer/lexer_test.go

func TestNextToken(t *testing.T) {
    input := `let five = 5;
let ten = 10;

let add = fn(x, y) {
  x + y;
};

let result = add(five, ten);
!-/*5;
5 < 10 > 5;

if (5 < 10) {
  return true;
} else {
  return false;
}

10 == 10;
10 != 9;
"foobar"
"foo bar"
[1, 2];
{"foo": "bar"}
`

    tests := []struct {
        expectedType    token.TokenType
        expectedLiteral string
    }{
// [...]
        {token.LBRACE, "{"},
        {token.STRING, "foo"},
        {token.COLON, ":"},
        {token.STRING, "bar"},
        {token.RBRACE, "}"},
        {token.EOF, ""},
    }
```

```
// [...]
}
```

测试的输入中可以只使用一个:，但像这里一样使用完整的哈希字面量，有利于今后阅读和调试测试时得到更全面的信息。

将:转换为 token.COLON 非常简单：

```
// lexer/lexer.go
func (l *Lexer) NextToken() token.Token {
// [...]
    case ':':
        tok = newToken(token.COLON, l.ch)
// [...]
}
```

只新加了两行内容，现在词法分析器就能输出 token.COLON 了。

```
$ go test ./lexer
ok      monkey/lexer    0.006s
```

完美！现在词法分析器能够返回 token.LBRACE、token.RBRACE、token.COMMA 和新的 token.COLON。这些是解析哈希字面量所需的所有内容。

4.5.2　哈希字面量语法分析

在开始使用语法分析器甚至编写测试之前，先来看一下哈希字面量的基本语法结构：

```
{<表达式> : <表达式>, <表达式> : <表达式>, ... }
```

这是一个以逗号分隔的配对列表。每对包含两个表达式：一个生成哈希键，另一个是值。键和值之间用冒号分隔。整个列表由一对大括号括起来。

将哈希字面量转换为 AST 节点时必须跟踪键-值对。怎么跟踪？当然是使用 map，但是这个 map 中的键和值是什么类型？

前面说过，哈希键允许的数据类型只有字符串、整数和布尔值。不过在语法分析器中并不能确保这一点，因此必须在求值阶段验证哈希键类型，如果类型不匹配就报错。

这么做是因为除了字符串、整数或布尔值的字面量，许多表达式可以生成这些类型的数据。如果在语法分析阶段强制使用这些类型作为哈希键类型，那么就不能执行下面这样的操作：

```
let key = "name";
let hash = {key: "Monkey"};
```

key 的求值结果是"name"，因此即使 key 是一个标识符，将它用作哈希键也完全没有问题。为了做到这一点，至少在语法分析阶段，所有表达式都应该可以用作哈希字面量中的键和值。因此 ast.HashLiteral 的定义如下所示：

```go
// ast/ast.go

type HashLiteral struct {
    Token token.Token // '{'词法单元
    Pairs map[Expression]Expression
}

func (hl *HashLiteral) expressionNode()      {}
func (hl *HashLiteral) TokenLiteral() string { return hl.Token.Literal }
func (hl *HashLiteral) String() string {
    var out bytes.Buffer

    pairs := []string{}
    for key, value := range hl.Pairs {
        pairs = append(pairs, key.String()+":"+value.String())
    }

    out.WriteString("{")
    out.WriteString(strings.Join(pairs, ", "))
    out.WriteString("}")

    return out.String()
}
```

现在哈希字面量的结构梳理清楚了，也定义了 ast.HashLiteral，我们可以为语法分析器编写测试了：

```go
// parser/parser_test.go

func TestParsingHashLiteralsStringKeys(t *testing.T) {
    input := `{"one": 1, "two": 2, "three": 3}`

    l := lexer.New(input)
    p := New(l)
    program := p.ParseProgram()
    checkParserErrors(t, p)

    stmt := program.Statements[0].(*ast.ExpressionStatement)
    hash, ok := stmt.Expression.(*ast.HashLiteral)
    if !ok {
        t.Fatalf("exp is not ast.HashLiteral. got=%T", stmt.Expression)
    }

    if len(hash.Pairs) != 3 {
```

```
        t.Errorf("hash.Pairs has wrong length. got=%d", len(hash.Pairs))
    }

    expected := map[string]int64{
        "one":   1,
        "two":   2,
        "three": 3,
    }

    for key, value := range hash.Pairs {
        literal, ok := key.(*ast.StringLiteral)
        if !ok {
            t.Errorf("key is not ast.StringLiteral. got=%T", key)
        }

        expectedValue := expected[literal.String()]

        testIntegerLiteral(t, value, expectedValue)
    }
}
```

当然，还必须确保空的哈希字面量也能正确解析，这些边缘情形在编程中会导致很多问题：

```
// parser/parser_test.go
func TestParsingEmptyHashLiteral(t *testing.T) {
    input := "{}"

    l := lexer.New(input)
    p := New(l)
    program := p.ParseProgram()
    checkParserErrors(t, p)

    stmt := program.Statements[0].(*ast.ExpressionStatement)
    hash, ok := stmt.Expression.(*ast.HashLiteral)
    if !ok {
        t.Fatalf("exp is not ast.HashLiteral. got=%T", stmt.Expression)
    }

    if len(hash.Pairs) != 0 {
        t.Errorf("hash.Pairs has wrong length. got=%d", len(hash.Pairs))
    }
}
```

其中添加了另外两个类似于 TestHashLiteralStringKeys 的测试，不过这里使用整数和布尔值作为哈希键，确保了语法分析器能够将它们分别转换为 *ast.IntegerLiteral 和 *ast.Boolean。之后是第 5 个测试函数，用于确保哈希字面量中的值可以是任何表达式，甚至是运算符表达式，如下所示：

```go
// parser/parser_test.go

func TestParsingHashLiteralsWithExpressions(t *testing.T) {
    input := `{"one": 0 + 1, "two": 10 - 8, "three": 15 / 5}`

    l := lexer.New(input)
    p := New(l)
    program := p.ParseProgram()
    checkParserErrors(t, p)

    stmt := program.Statements[0].(*ast.ExpressionStatement)
    hash, ok := stmt.Expression.(*ast.HashLiteral)
    if !ok {
        t.Fatalf("exp is not ast.HashLiteral. got=%T", stmt.Expression)
    }

    if len(hash.Pairs) != 3 {
        t.Errorf("hash.Pairs has wrong length. got=%d", len(hash.Pairs))
    }

    tests := map[string]func(ast.Expression){
        "one": func(e ast.Expression) {
            testInfixExpression(t, e, 0, "+", 1)
        },
        "two": func(e ast.Expression) {
            testInfixExpression(t, e, 10, "-", 8)
        },
        "three": func(e ast.Expression) {
            testInfixExpression(t, e, 15, "/", 5)
        },
    }

    for key, value := range hash.Pairs {
        literal, ok := key.(*ast.StringLiteral)
        if !ok {
            t.Errorf("key is not ast.StringLiteral. got=%T", key)
            continue
        }

        testFunc, ok := tests[literal.String()]
        if !ok {
            t.Errorf("No test function for key %q found", literal.String())
            continue
        }

        testFunc(value)
    }
}
```

这些测试函数能通过吗？老实说结果不太好，运行后遇到了很多失败的信息和语法分析器错误：

```
$ go test ./parser
--- FAIL: TestParsingEmptyHashLiteral (0.00s)
  parser_test.go:1173: parser has 2 errors
  parser_test.go:1175: parser error: "no prefix parse function for { found"
  parser_test.go:1175: parser error: "no prefix parse function for } found"
--- FAIL: TestParsingHashLiteralsStringKeys (0.00s)
  parser_test.go:1173: parser has 7 errors
  parser_test.go:1175: parser error: "no prefix parse function for { found"
[... more errors ...]
--- FAIL: TestParsingHashLiteralsBooleanKeys (0.00s)
  parser_test.go:1173: parser has 5 errors
  parser_test.go:1175: parser error: "no prefix parse function for { found"
[... more errors ...]
--- FAIL: TestParsingHashLiteralsIntegerKeys (0.00s)
  parser_test.go:967: parser has 7 errors
  parser_test.go:969: parser error: "no prefix parse function for { found"
[... more errors ...]
--- FAIL: TestParsingHashLiteralsWithExpressions (0.00s)
  parser_test.go:1173: parser has 7 errors
  parser_test.go:1175: parser error: "no prefix parse function for { found"
[... more errors ...]
FAIL
FAIL    monkey/parser   0.008s
```

听起来令人难以置信，但确实有好消息：只需一个函数就能让所有这些测试通过。确切地说需要 prefixParseFn。由于哈希字面量的 token.LBRACE 在前缀位置，跟数组字面量的 token.LBRACKET 一样，因此可以定义 parseHashLiteral 方法，当作 prefixParseFn 来使用：

```
// parser/parser.go

func New(l *lexer.Lexer) *Parser {
// [...]
    p.registerPrefix(token.LBRACE, p.parseHashLiteral)
// [...]
}

func (p *Parser) parseHashLiteral() ast.Expression {
    hash := &ast.HashLiteral{Token: p.curToken}
    hash.Pairs = make(map[ast.Expression]ast.Expression)

    for !p.peekTokenIs(token.RBRACE) {
        p.nextToken()
        key := p.parseExpression(LOWEST)

        if !p.expectPeek(token.COLON) {
            return nil
        }

        p.nextToken()
        value := p.parseExpression(LOWEST)
```

```
            hash.Pairs[key] = value

            if !p.peekTokenIs(token.RBRACE) && !p.expectPeek(token.COMMA) {
                return nil
            }
        }

        if !p.expectPeek(token.RBRACE) {
            return nil
        }

        return hash
    }
```

这看起来可能有点复杂，但 parseHashLiteral 中的内容之前都见过，其中遍历了以右花括号（token.RBRACE）结束的键–值对，然后两次调用 parseExpression 来分别解析键和值的表达式，最后将结果放到 hash.Pairs 中。这是该方法最重要的部分。有了它，测试就能通过了：

```
$ go test ./parser
ok      monkey/parser    0.006s
```

所有语法分析器测试都通过了！从添加的测试数量来看，可以确定语法分析器现在能解析哈希字面量了。这意味着马上要进入解释器中最有趣的部分，也就是在对象系统中表示并对哈希字面量求值。

4.5.3 哈希对象

为了添加新的数据类型，除了需要扩展词法分析器和语法分析器，还需要在对象系统中表示这些数据类型。之前我们成功地添加了整数、字符串和数组，但是这些实现只须分别定义一个具有正确类型的 Value 字段的结构体，而哈希表则需要更多的工作。下面来解释。

假设定义了下面这样一个新的 object.Hash 类型：

```
type Hash struct {
    Pairs map[Object]Object
}
```

要根据 Go 的 map 实现 Hash 数据类型，这是最直观的方式。但是根据这个定义，如何填充 Pairs？更重要的是，如何从中获得值？

来看这段 Monkey 代码：

```
let hash = {"name": "Monkey"};
hash["name"]
```

假设使用上面的 `object.Hash` 定义对这两行代码求值。对第一行中的哈希字面量求值时，将每个键-值对放入 `map[Object]Object` 这个 `map` 中，因此 Pairs 具有以下内容，即一个 Value 为"name"的`*object.String` 映射到 Value 为"Monkey"的`*object.String`。

到现在为止还算顺利，但是在第二行用索引表达式访问"Monkey"字符串时就会出问题。

在第二行中，索引表达式的"name"字符串字面量会被求值成新分配的`*Object.String`。即使这个新`*object.String` 的 Value 字段中也包含"name"，与 Pairs 中另一个`*object.String` 的值完全一样，也无法用新`*object.String` 来检索"Monkey"。

这是因为两者是指向不同的内存位置的指针。虽然它们指向的存储位置的内容都是"name"，但这并没有什么用。比较指针时得到的结果是不相等的。因此使用新创建的`*object.String` 作为键不能找到"Monkey"。这就是 Go 中指针及其之间的比较方式。

下面这个示例演示了使用上面那个 `object.Hash` 实现时会遇到的问题：

```
name1 := &object.String{Value: "name"}
monkey := &object.String{Value: "Monkey"}

pairs := map[object.Object]object.Object{}
pairs[name1] = monkey

fmt.Printf("pairs[name1]=%+v\n", pairs[name1])
// => pairs[name1]=&{Value:Monkey}

name2 := &object.String{Value: "name"}

fmt.Printf("pairs[name2]=%+v\n", pairs[name2])
// => pairs[name2]=<nil>

fmt.Printf("(name1 == name2)=%t\n", name1 == name2)
// => (name1 == name2)=false
```

为了解决这个问题，可以遍历 Pairs 中的每个键并检查是否为`*object.String`，如果是则将其 Value 与索引表达式中键的 Value 进行比较。这样可以找到匹配的值，但会将键的查找时间从 $O(1)$ 转换为 $O(n)$，这完全背离了使用哈希的初衷。

另一种方法是将 Pairs 定义为 `map[string]Object`，然后使用`*object.String` 的 Value 作为键。这样做是可行的，但就不能用整数和布尔值作为键了。

这里需要一种方法来为对象生成哈希，从而可以方便地比较对象并能将其用作

object.Hash 中的哈希键。具体来说，是能够为*object.String 生成一个可用于比较的哈希键，如果另一个*object.String 具有相同的 Value，那么两者的哈希值应该相等。*object.Integer 和*object.Boolean 也是如此。但是*object.String 的哈希键一定不能等于*object.Integer 或*object.Boolean 的哈希键。不同类型的哈希键必须不同。

下面用一组测试函数列出在对象系统中期望的行为：

```go
// object/object_test.go

package object

import "testing"

func TestStringHashKey(t *testing.T) {
    hello1 := &String{Value: "Hello World"}
    hello2 := &String{Value: "Hello World"}
    diff1 := &String{Value: "My name is johnny"}
    diff2 := &String{Value: "My name is johnny"}

    if hello1.HashKey() != hello2.HashKey() {
        t.Errorf("strings with same content have different hash keys")
    }

    if diff1.HashKey() != diff2.HashKey() {
        t.Errorf("strings with same content have different hash keys")
    }

    if hello1.HashKey() == diff1.HashKey() {
        t.Errorf("strings with different content have same hash keys")
    }
}
```

这正是我们对 HashKey() 方法所期望的行为。除了 *object.String，对于 *object.Boolean 和*object.Integer 也是如此，所以这些检查放在了同一个测试函数中。

为了防止测试失败，需要对这 3 种类型分别实现一个 HashKey() 方法：

```go
// object/object.go

import (
// [...]
    "hash/fnv"
)

type HashKey struct {
    Type ObjectType
```

```
    Value uint64
}
func (b *Boolean) HashKey() HashKey {
    var value uint64

    if b.Value {
        value = 1
    } else {
        value = 0
    }

    return HashKey{Type: b.Type(), Value: value}
}
func (i *Integer) HashKey() HashKey {
    return HashKey{Type: i.Type(), Value: uint64(i.Value)}
}
func (s *String) HashKey() HashKey {
    h := fnv.New64a()
    h.Write([]byte(s.Value))

    return HashKey{Type: s.Type(), Value: h.Sum64()}
}
```

每个 HashKey() 方法都返回一个 HashKey。从代码中可以看到，HashKey 并不复杂。Type 字段包含一个 ObjectType，这是一个字符串，表示这个 HashKey 可以用于哪个对象类型。Value 字段用于保存实际的哈希值，是一个整数。由于 HashKey 只有 1 个字符串和 1 个整数，因此可以使用==运算符比较不同的 HashKey，这很方便。同时这也使 HashKey 可以用作 Go 映射中的键。

虽然可能性很小，但拥有不同 Value 的字符串仍可能具有相同的哈希值。当 hash/fnv 包为不同的值生成相同的整数时就会发生这种情况，这就是所谓的哈希碰撞。遇到这个问题的概率不大，但你要了解一些解决这个问题的众所周知的技术，例如单链法和开放式寻址法。限于篇幅，本书不会实现这些用于解决哈希碰撞的算法。但你可以自己尝试，这是很不错的练习。

有了新定义的 HashKey 和 HashKey() 方法，前面遇到的问题就解决了：

```
name1 := &object.String{Value: "name"}
monkey := &object.String{Value: "Monkey"}

pairs := map[object.HashKey]object.Object{}
pairs[name1.HashKey()] = monkey

fmt.Printf("pairs[name1.HashKey()]=%+v\n", pairs[name1.HashKey()])
// => pairs[name1.HashKey()]=&{Value:Monkey}
```

```
name2 := &object.String{Value: "name"}

fmt.Printf("pairs[name2.HashKey()]=%+v\n", pairs[name2.HashKey()])
// => pairs[name2.HashKey()]=&{Value:Monkey}

fmt.Printf("(name1 == name2)=%t\n", name1 == name2)
// => (name1 == name2)=false

fmt.Printf("(name1.HashKey() == name2.HashKey())=%t\n",
  name1.HashKey() == name2.HashKey())
// => (name1.HashKey() == name2.HashKey())=true
```

这正是我们期望的结果。对于之前使用简单的 Hash 结构体所遇到的问题，定义的 HashKey 结构体和 HashKey() 方法实现将其解决了。同时测试也通过了：

```
$ go test ./object
ok      monkey/object    0.008s
```

现在可以定义 object.Hash 并使用这种新的 HashKey 类型：

```go
// object/object.go

const (
// [...]
    HASH_OBJ = "HASH"
)

type HashPair struct {
    Key   Object
    Value Object
}

type Hash struct {
    Pairs map[HashKey]HashPair
}

func (h *Hash) Type() ObjectType { return HASH_OBJ }
```

这里同时添加了 Hash 和 HashPair 的定义。HashPair 是 Hash.Pairs 中值的类型。你可能好奇为什么使用 HashPair，而不是直接将 Pairs 定义成 map[HashKey]Object。

这是为了顾及 Hash 的 Inspect() 方法。之后在 REPL 中打印 Monkey 哈希表时，我们需要打印其中的值和键，只打印 HashKey 并没有什么用。因此需要用 HashPair 作为值来跟踪生成 HashKey 的对象，这些 HashPair 中保存了原始键对象及其映射的值对象。这样就可以调用键对象的 Inspect() 方法，让其根据*object.Hash 输出对应的结果。下面就是 Inspect() 方法：

```
// object/object.go

func (h *Hash) Inspect() string {
    var out bytes.Buffer

    pairs := []string{}
    for _, pair := range h.Pairs {
        pairs = append(pairs, fmt.Sprintf("%s: %s",
            pair.Key.Inspect(), pair.Value.Inspect()))
    }

    out.WriteString("{")
    out.WriteString(strings.Join(pairs, ", "))
    out.WriteString("}")

    return out.String()
}
```

除了使用 Inspect()，跟踪生成 HashKey 的对象还有其他用途。比如为 Monkey 哈希表实现 range 函数，其中需要遍历哈希表中的键和值；或者实现 firstPair 函数，用来以数组形式返回给定哈希表的第一个键和值。跟踪哈希键这个功能非常有用，不过目前只有 Inspect() 方法用到了这个功能。

就这样。这就是 object.Hash 的整个实现。但是在 object 包中还要添加一些内容：

```
// object/object.go

type Hashable interface {
    HashKey() HashKey
}
```

在对哈希字面量或哈希索引表达式求值时，在求值器中用这个接口能够检查给定对象是否可以用作键。

目前只有*object.String、*object.Boolean 和*object.Integer 实现了这个接口。

当然，在继续之前还可以再做一件事，那就是通过缓存 HashKey() 方法的返回值来优化其性能。对于注重性能的读者来说，这是一个不错的练习。

4.5.4 哈希字面量求值

下面将对哈希字面量求值。实话实说，在给解释器添加哈希表的过程中，最困难的部分已经结束，从这里开始就没有阻碍了。因此，享受旅程吧，现在放松身心，编写以下测试：

```go
// evaluator/evaluator_test.go
func TestHashLiterals(t *testing.T) {
    input := `let two = "two";
    {
        "one": 10 - 9,
        two: 1 + 1,
        "thr" + "ee": 6 / 2,
        4: 4,
        true: 5,
        false: 6
    }`

    evaluated := testEval(input)
    result, ok := evaluated.(*object.Hash)
    if !ok {
        t.Fatalf("Eval didn't return Hash. got=%T (%+v)", evaluated, evaluated)
    }

    expected := map[object.HashKey]int64{
        (&object.String{Value: "one"}).HashKey():   1,
        (&object.String{Value: "two"}).HashKey():   2,
        (&object.String{Value: "three"}).HashKey(): 3,
        (&object.Integer{Value: 4}).HashKey():      4,
        TRUE.HashKey():                             5,
        FALSE.HashKey():                            6,
    }

    if len(result.Pairs) != len(expected) {
        t.Fatalf("Hash has wrong num of pairs. got=%d", len(result.Pairs))
    }

    for expectedKey, expectedValue := range expected {
        pair, ok := result.Pairs[expectedKey]
        if !ok {
            t.Errorf("no pair for given key in Pairs")
        }

        testIntegerObject(t, pair.Value, expectedValue)
    }
}
```

从这个测试函数可以看出，当遇到*ast.HashLiteral 时，期望从 Eval 中得到的是一个新的*object.Hash，其 Pairs 属性中有正确数量的 HashPair 映射到了对应的 HashKey 上。

此外还可以看出另一个需求，那就是字符串、标识符、中缀运算符表达式、布尔值和整数这些都可用作键。只要能产生实现 Hashable 接口的对象，任何表达式都可用作键。

哈希值也可以由任何表达式产生。这里通过断言 10 - 9 等于 1、6 / 2 等于 3 来测试。

一如预期，测试失败：

```
$ go test ./evaluator
--- FAIL: TestHashLiterals (0.00s)
  evaluator_test.go:522: Eval didn't return Hash. got=<nil> (<nil>)
FAIL
FAIL    monkey/evaluator          0.008s
```

不过我们知道如何让测试通过。只要在 Eval 函数中添加一个针对*ast.HashLiteral 的 case 分支即可：

```
// evaluator/evaluator.go

func Eval(node ast.Node, env *object.Environment) object.Object {
// [...]

    case *ast.HashLiteral:
        return evalHashLiteral(node, env)

// [...]
}
```

这里的 evalHashLiteral 函数看上去可能有点复杂，但相信我，实际上没什么可怕的：

```
// evaluator/evaluator.go

func evalHashLiteral(
    node *ast.HashLiteral,
    env *object.Environment,
) object.Object {
    pairs := make(map[object.HashKey]object.HashPair)

    for keyNode, valueNode := range node.Pairs {
        key := Eval(keyNode, env)
        if isError(key) {
            return key
        }

        hashKey, ok := key.(object.Hashable)
        if !ok {
            return newError("unusable as hash key: %s", key.Type())
        }

        value := Eval(valueNode, env)
        if isError(value) {
            return value
        }
```

```
        hashed := hashKey.HashKey()
        pairs[hashed] = object.HashPair{Key: key, Value: value}
    }

    return &object.Hash{Pairs: pairs}
}
```

在 node.Pairs 上迭代时，首先对 keyNode 进行求值。之后除了检查对 Eval 的调用是否产生错误外，还对求值结果进行了类型断言。这个结果需要实现 object.Hashable 接口，否则不能用作哈希键。这就是为什么前面添加 Hashable 定义。

接着再次调用 Eval 对 valueNode 进行求值。如果这次的 Eval 调用也没有产生错误，则可以将新生成的键-值对添加到 pairs 映射中。为此需要在 hashKey 对象上调用 HashKey( )来生成一个 HashKey。（ hashKey 对象的命名非常明了易懂。）然后初始化一个新的 HashPair，将求值得到的键和值填充进去，最后将这个 HashPair 添加到 pairs 中。

这样就完成了。现在测试通过了：

```
$ go test ./evaluator
ok      monkey/evaluator        0.007s
```

这意味着现在可以在 REPL 中使用哈希字面量了：

```
$ go run main.go
Hello mrnugget! This is the Monkey programming language!
Feel free to type in commands
>> {"name": "Monkey", "age": 0, "type": "Language", "status": "awesome"}
{age: 0, type: Language, status: awesome, name: Monkey}
```

棒极了！但是现在还不能从哈希表中获取元素，这似乎限制了它的用处：

```
>> let bob = {"name": "Bob", "age": 99};
>> bob["name"]
ERROR: index operator not supported: HASH
```

下面就来解决这个问题。

4.5.5　哈希索引表达式求值

还记得之前在求值器中添加到 evalIndexExpression 的 switch 语句吗？回想一下，当时说之后还要为其添加另一个 case 分支，就是在这里添加。

但是首先需要添加一个测试函数，用来确保通过索引表达式可以访问哈希表中的值：

```go
// evaluator/evaluator_test.go
func TestHashIndexExpressions(t *testing.T) {
    tests := []struct {
        input    string
        expected interface{}
    }{
        {
            `{"foo": 5}["foo"]`,
            5,
        },
        {
            `{"foo": 5}["bar"]`,
            nil,
        },
        {
            `let key = "foo"; {"foo": 5}[key]`,
            5,
        },
        {
            `{}["foo"]`,
            nil,
        },
        {
            `{5: 5}[5]`,
            5,
        },
        {
            `{true: 5}[true]`,
            5,
        },
        {
            `{false: 5}[false]`,
            5,
        },
    }

    for _, tt := range tests {
        evaluated := testEval(tt.input)
        integer, ok := tt.expected.(int)
        if ok {
            testIntegerObject(t, evaluated, int64(integer))
        } else {
            testNullObject(t, evaluated)
        }
    }
}
```

与 TestArrayIndexExpressions 一样，这里也要确保索引运算符表达式会产生正确的值，只是这里的值是哈希表。这里会用不同的测试用例从哈希表中检索值，包括使用字符串、整数或布尔值作为键。因此从本质上讲，该测试真正断言的是，各种数据类型实现的 HashKey 方法都得到了正确的调用。

另外，针对未实现 object.Hashable 的对象，要确保用其作为键时会报错，因此可以向 TestErrorHandling 测试函数中再添加一个测试：

```go
// evaluator/evaluator_test.go
func TestErrorHandling(t *testing.T) {
    tests := []struct {
        input           string
        expectedMessage string
    }{
// [...]
        {
            `{"name": "Monkey"}[fn(x) { x }];`,
            "unusable as hash key: FUNCTION",
        },
    }

// [...]
}
```

一如预期，现在运行 go test 会失败：

```
$ go test ./evaluator
--- FAIL: TestErrorHandling (0.00s)
  evaluator_test.go:237: wrong error message.\
    expected="unusable as hash key: FUNCTION",\
    got="index operator not supported: HASH"
--- FAIL: TestHashIndexExpressions (0.00s)
  evaluator_test.go:597: object is not Integer.\
    got=*object.Error (&{Message:index operator not supported: HASH})
  evaluator_test.go:625: object is not NULL.\
    got=*object.Error (&{Message:index operator not supported: HASH})
  evaluator_test.go:597: object is not Integer.\
    got=*object.Error (&{Message:index operator not supported: HASH})
  evaluator_test.go:625: object is not NULL.\
    got=*object.Error (&{Message:index operator not supported: HASH})
  evaluator_test.go:597: object is not Integer.\
    got=*object.Error (&{Message:index operator not supported: HASH})
  evaluator_test.go:597: object is not Integer.\
    got=*object.Error (&{Message:index operator not supported: HASH})
  evaluator_test.go:597: object is not Integer.\
    got=*object.Error (&{Message:index operator not supported: HASH})
FAIL
FAIL    monkey/evaluator        0.009s
```

这意味着需要为 evalIndexExpression 中的 switch 语句添加另一个 case 分支：

```go
// evaluator/evaluator.go

func evalIndexExpression(left, index object.Object) object.Object {
    switch {
    case left.Type() == object.ARRAY_OBJ && index.Type() == object.INTEGER_OBJ:
        return evalArrayIndexExpression(left, index)
```

```
case left.Type() == object.HASH_OBJ:
    return evalHashIndexExpression(left, index)
default:
    return newError("index operator not supported: %s", left.Type())
}
}
```

新 case 分支调用了新函数 evalHashIndexExpression。由于之前在对哈希字面量求值时已经成功测试了 object.Hashable 接口的用法，因此你应该已经了解了 evalHashIndexExpression 的工作方式。这里没有什么特别的：

```
// evaluator/evaluator.go
func evalHashIndexExpression(hash, index object.Object) object.Object {
    hashObject := hash.(*object.Hash)

    key, ok := index.(object.Hashable)
    if !ok {
        return newError("unusable as hash key: %s", index.Type())
    }

    pair, ok := hashObject.Pairs[key.HashKey()]
    if !ok {
        return NULL
    }

    return pair.Value
}
```

将 evalHashIndexExpression 添加到 switch 语句中就能让测试通过：

```
$ go test ./evaluator
ok      monkey/evaluator        0.007s
```

现在可以顺利地从哈希表中检索值了！来看看实际效果。

```
$ go run main.go
Hello mrnugget! This is the Monkey programming language!
Feel free to type in commands
>> let people = [{"name": "Alice", "age": 24}, {"name": "Anna", "age": 28}];
>> people[0]["name"];
Alice
>> people[1]["age"];
28
>> people[1]["age"] + people[0]["age"];
52
>> let getName = fn(person) { person["name"]; };
>> getName(people[0]);
Alice
>> getName(people[1]);
Anna
```

4.6 大结局

Monkey 解释器现在可以正常使用了。它支持算术表达式、变量绑定、函数及其应用、条件句、return 语句甚至高级概念，例如高阶函数和闭包。它还支持不同的数据类型：整数、布尔值、字符串、数组和哈希表。我们真应该为自己感到骄傲。

但是，Monkey 解释器仍然没有通过所有编程语言测试中最基本的测试，即打印一些内容。是的，Monkey 解释器无法与外界交流。但是连 Bash 这样的编程语言都能做到。很明显，Monkey 解释器必须实现这个功能，也就是添加最后一个内置函数 puts。

puts 会将给定参数打印到 STDOUT 的新行上。puts 在作为参数传入的对象上调用 Inspect( )方法，并打印这些调用的返回值。Inspect( )方法是 Object 接口的一部分，因此对象系统中的每个实例都支持该接口。puts 的效果如下所示：

```
>> puts("Hello!")
Hello!
>> puts(1234)
1234
>> puts(fn(x) { x * x })
fn(x) {
(x * x)
}
```

puts 是一个可变参数函数。它可以接受无限数量的参数，且每个参数打印时都独占一行：

```
>> puts("hello", "world", "how", "are", "you")
hello
world
how
are
you
```

当然，puts 只用来打印内容，而不产生值，因此需要确保 puts 能返回 null：

```
>> let putsReturnValue = puts("foobar");
foobar
>> putsReturnValue
null
```

这也意味着 REPL 除了会打印 puts 的输出之外，还会打印 null，如下所示：

```
>> puts("Hello!")
Hello!
null
```

以上信息和规范足以完成最后一项任务。准备好了吗?

下面就是本节要构建的内容,也就是构建完整且有效的 puts 实现:

```
// evaluator/builtins.go

import (
    "fmt"
    "monkey/object"
)

var builtins = map[string]*object.Builtin{
// [...]
    "puts": &object.Builtin{
        Fn: func(args ...object.Object) object.Object {
            for _, arg := range args {
                fmt.Println(arg.Inspect())
            }

            return NULL
        },
    },
}
```

至此,所有工作都完成了。前面每项工作完成时我都会提议庆祝一下,也许你当时忽略了,现在是时候真正地庆祝了。

在第 3 章中,Monkey 语言降临这个世界,可以运行。而经过这最后一次修改,Monkey 语言就可以与外界沟通。现在,Monkey 终于真正成为一门编程语言了。

```
$ go run main.go
Hello mrnugget! This is the Monkey programming language!
Feel free to type in commands
>> puts("Hello World!")
Hello World!
null
>>
```

第 5 章
遗失的篇章：Monkey 的宏系统

本章是在原书出版近半年后才加的内容。

阅读本章内容可以进一步了解本书的写作初衷和思路。

5.1 宏系统

宏系统是指与宏有关的编程语言特性，包括宏的定义、访问、求值，以及宏本身如何工作。宏可以分为两大类：文本替换宏系统和语法宏系统。在我看来，它们分别相当于搜索替换和代码即数据两个类别。

文本替换宏系统可以说是比较简单的形式。C 预处理器就是这种宏系统的一个例子。它可以在普通 C 代码中，以单独的宏语言生成和修改 C 代码，其工作原理是在 C 编译器编译和生成代码之前，先单独解析和求值这种语言。下面是一个简单的例子：

```
#define GREETING "Hello there"

int main(int argc, char *argv[])
{
#ifdef DEBUG
  printf(GREETING " Debug-Mode!\n");
#else
  printf(GREETING " Production-Mode!\n");
#endif

  return 0;
}
```

预处理器的指令是以#开头的行。第 1 行定义了一个变量 GREETING，在源代码的其余部分，这个 GREETING 会替换为"Hello there"。这只是简单的替换，所以必须严格注意这个变量的作用域。代码第 5 行检查是否定义了预处理器变量 DEBUG，这个变量可能由开发者、构建系统、编译器或操作系统附带的 C 库定义。根据这个变量，代码会决定是生成 Debug-Mode 语句还是 Production-Mode 语句。

这个系统很简单，如果能谨慎且有限度地使用，那么效果会非常不错。不过这种宏的功能有限，因为其对所生成代码的影响仅存在于文本层面。就此而言，与语法宏系统相比，这种宏更像是模板系统。

语法宏系统不是将代码作为文本，而是将**代码视为数据**。听起来有点奇怪？是的。如果你不习惯，可能会觉得这是一个非常奇怪的想法。不过我保证这并不难理解。只要稍微转换一下视角就能完全掌握。

实际上，在第 2 章中研究语法分析器如何将源代码从文本转换为 AST 时，我们就已经触及这一点了。表示源代码的 AST 使用的不是字符串，而是数据结构。只要编程语言有语法分析器，就会有这些数据结构。以 Monkey 解释器为例，Monkey 源代码最初是字符串，解释器会将其转换成 Go 结构体，这些结构体会形成 Monkey 的 AST。这样就可以将代码视为数据：可以在 Go 程序中传递、修改和生成 Monkey 源代码。

在具有语法宏的编程语言中，不仅在外部宿主语言中可以做到这一点，在**语言本身**中也能做到。如果语言 X 有语法宏系统，那么可以使用 X 语言处理用 X 编写的源代码。这与在 Go 中处理 Monkey 源代码相同。这些处理包括：将 if 表达式传递给一个函数；调用一个函数并将其保存；修改 let 语句中使用的名称。有了这个功能，就可以**认为语言具有自我意识**。编程语言能够使用宏来检查和修改自身，这就像给自己做手术的外科医生。不错吧？

这种类型的宏系统是由 Lisp 开创的，在它的许多衍生语言中能发现语法宏的影子，比如 Common Lisp、Clojure、Scheme、Racket。像 Elixir 和 Julia 这样的非 Lisp 语言也有优雅的宏系统，这些宏系统创立的思想也是将代码视为数据并允许宏访问。

这种描述仍然很抽象，所以下面通过一个语法宏系统来进一步说明。这里将使用 Elixir，因为其语法易于阅读和理解。不过总体思想和运行机制适用于上述所有语言。

首先需要了解 Elixir 的 quote 函数。它可以停止对代码求值，然后高效地将代码转化为数据：

```
iex(1)> quote do: 10 + 5
{:+, [context: Elixir, import: Kernel], [10, 5]}
```

这里将中缀表达式 10 + 5 在 do 块中作为单个参数传递给 quote。但与普通函数调用中的参数不同，这里不会对 10 + 5 求值，而是让 quote 返回一个表示这个表达式的数据结构。这个数据结构是一个元组，包含操作符:+，以及调用上下文等元信息，还有操作数列表[10, 5]。这就是 Elixir 的 AST 及其在语言中表示代码的方式。

这个数据结构可以像其他元组一样访问：

```
iex(2)> exp = quote do: 10 + 5
{:+, [context: Elixir, import: Kernel], [10, 5]}
iex(3)> elem(exp, 0)
:+
iex(4)> elem(exp, 2)
[10, 5]
```

可见，quote 可以停止对代码的求值并将代码视为数据。这已经非常有趣了，但还可以更有趣。

假设要用 quote 构建一个 AST 节点，用来表示一个涉及 3 个整数字面量的中缀表达式，其中一个数字应该动态地注入到 AST 中。这个数字绑定到名称 my_number 上，我们只想用这个名称来引用这个数字。下面是第一次尝试，这样使用 quote 是行不通的：

```
iex(6)> my_number = 99
99
iex(7)> quote do: 10 + 5 + my_number
{:+, [context: Elixir, import: Kernel],
[{:+, [context: Elixir, import: Kernel], [10, 5]}, {:my_number, [], Elixir}]}
```

这当然不会起作用，因为 quote 会停止对参数的求值，所以 my_number 传递给 quote 时只是一个标识符。也就是说 my_number 没有执行求值操作，所以不会解析成 99。为了解决这个问题，需要另一个名为 unquote 的函数：

```
iex(8)> quote do: 10 + 5 + unquote(my_number)
{:+, [context: Elixir, import: Kernel],
[{:+, [context: Elixir, import: Kernel], [10, 5]}, 99]}
```

unquote 用来"跳出"quote 上下文并对其中的代码求值。在这里，它会让标识符 my_number 求值成 99。

quote 和 unquote 这两个函数是 Elixir 提供的工具，用于控制代码的求值时机和求值方式，并将代码转化为数据。大多数情况下，这两个工具是在宏里面使用的。在 Elixir 中可以使用关键字 defmacro 来定义宏。下面是一个简单的示例，其中定义了一个名为 plus_to_minus 的宏，可以将使用+运算符的中缀表达式转换为使用-的中缀表达式：

```
defmodule MacroExample do
  defmacro plus_to_minus(expression) do
    args = elem(expression, 2)
```

```
    quote do
      unquote(Enum.at(args, 0)) - unquote(Enum.at(args, 1))
    end
  end
end
```

在 Elixir 以及其他许多具有语法宏系统的语言中，最重要的一点是，作为参数传递给宏的所有内容都相当于在 quote 中。也就是说，宏的参数不进行求值，可以像任何其他数据一样访问。

plus_to_minus 的第一行就是这样做的。传入表达式的参数绑定到 args 上，然后使用 quote 和 unquote 构造中缀表达式的 AST。注意，这个新的表达式使用了减号-从第一个参数中减去第二个参数。

如果以 10 + 5 作为参数调用这个宏，那么输出的结果不会是 15，而是 10 - 5 的求值结果：

```
iex(1)> MacroExample.plus_to_minus 10 + 5
5
```

是的，我们刚刚像修改数据一样修改了代码！这比 C 预处理器强大得多，不是吗？这就是代码即数据，它有很多有趣的功能！比如代码就是数据、代码可以修改自身、像外科医生给自己做手术一样检查自己、用宏本身来编写代码、编写会编写代码的代码。这些 Monkey 都能做到！

因此，我在想如果 Monkey 要有一个宏系统，那么就应该是这样的。这就是下面要构建的 Monkey 的语法宏系统。它可以用来访问、修改和生成 Monkey 源代码。

下面就来实现它吧！

5.2 Monkey 的宏系统

将宏添加到编程语言中要解决很多问题，比如，如何添加宏系统，添加宏后会有哪些后果，添加宏会受到哪些因素影响等。如果能对结果有一个清晰的了解，那么我们就不会在这些问题上犯迷糊。因此在开始之前，和往常一样，我们要了解清楚真正想要构建的内容。

Monkey 的宏系统将仿照 Elixir 的形式，而后者参照了源自 Lisp 和 Scheme 的简单 define-macro 系统。

首先要添加 quote 函数和 unquote 函数，用来准确控制 Monkey 代码的求值时机。

下面是在 Monkey 中使用 quote 的情况：

```
$ go run main.go
Hello mrnugget! This is the Monkey programming language!
Feel free to type in commands
>> quote(foobar);
QUOTE(foobar)
>> quote(10 + 5);
QUOTE((10 + 5))
>> quote(foobar + 10 + 5 + barfoo);
QUOTE((((foobar + 10) + 5) + barfoo))
```

可以看到，quote 接受一个参数并阻断对其的求值，然后返回一个对象来表示引用状态的（quoted）代码。

与之对应的 unquote 函数则用来绕过 quote：

```
>> quote(8 + unquote(4 + 4));
QUOTE((8 + 8))
```

unquote 只能在传递给 quote 的表达式中使用，用来将已经引用的源代码转为非引用状态：

```
>> let quotedInfixExpression = quote(4 + 4);
>> quotedInfixExpression;
QUOTE((4 + 4))
>> quote(unquote(4 + 4) + unquote(quotedInfixExpression));
QUOTE((8 + (4 + 4)))
```

如果要完整地实现宏系统，我们还需要宏字面量。它可以用来定义宏：

```
>> let reverse = macro(a, b) { quote(unquote(b) - unquote(a)); };
>> reverse(2 + 2, 10 - 5);
1
```

宏字面量看起来就像函数字面量，只是关键字不是 fn 而 macro。一旦将宏绑定到名称，就可以像函数一样进行调用。只不过宏调用的求值方式不同。与在 Elixir 中一样，参数在传递给宏的主体之前不会进行求值。结合前面提到的用法，unquote 已经被 quote 的代码，我们就能有选择地对宏参数求值，也就是对被 quote 的代码求值：

```
>> let evalSecondArg = macro(a, b) { quote(unquote(b)) };
>> evalSecondArg(puts("not printed"), puts("printed"));
printed
```

这里只返回了包含第二个参数 puts("printed")表达式的代码，即有效阻断了对第一个参数的求值。

如果你没能完全理解这些示例，不用担心！稍后就能理解。我们会确切地分析它的工作方式和机制，因为要从零开始构建这个宏系统。

当然，在构建宏系统时依然要做出取舍。最大的问题是，这个宏系统不会像在其他语言中的那样优雅且功能齐全，也不能用于生产环境。不过这里仍然会构建一个完全可用的宏系统。这个宏系统易于理解和扩展，之后可以随时以任何方式对其进行调整、优化和改进。

下面就来用 Go 语言编写可以编写代码的代码！

5.3 quote

首先要添加的是 quote 函数。quote 只在宏中使用，其目的很简单：调用时不对参数求值，而是返回表示参数的 AST 节点。

如何实现呢？先从返回值着手。对于 Monkey 内部实现的函数来说，其返回值类型都是接口 object.Object。这里的 quote 也不例外，否则会扰乱 Eval 函数。Eval 函数要求传递进来的每个 Monkey 值都是 object.Object，该函数本身也会返回一个 object.Object。

为了让 quote 最后能返回 ast.Node，需要进行简单的封装，也就是传递一个包含 ast.Node 的 object.Object，如下所示：

```go
// object/object.go

const (
// [...]

    QUOTE_OBJ = "QUOTE"
)

type Quote struct {
    Node ast.Node
}

func (q *Quote) Type() ObjectType { return QUOTE_OBJ }
func (q *Quote) Inspect() string {
    return "QUOTE(" + q.Node.String() + ")"
}
```

这里的代码不多，object.Quote 只是对 ast.Node 进行了简单封装。这样就能进行下一步：对 quote 的调用求值时，不对其调用参数求值。此时反而要将该参数封装在一个 object.Quote 中并返回。这应该不会造成问题，因为在 Eval 函数中完全可以控制求值的内容。

第 5 章 遗失的篇章：Monkey 的宏系统

下面编写一个简单的测试用例，确保在调用 quote 时的确会按计划执行：

```go
// evaluator/quote_unquote_test.go

package evaluator

import (
    "testing"

    "monkey/object"
)

func TestQuote(t *testing.T) {
    tests := []struct {
        input    string
        expected string
    }{
        {
            `quote(5)`,
            `5`,
        },
    }

    for _, tt := range tests {
        evaluated := testEval(tt.input)
        quote, ok := evaluated.(*object.Quote)
        if !ok {
            t.Fatalf("expected *object.Quote. got=%T (%+v)",
                evaluated, evaluated)
        }

        if quote.Node == nil {
            t.Fatalf("quote.Node is nil")
        }

        if quote.Node.String() != tt.expected {
            t.Errorf("not equal. got=%q, want=%q",
                quote.Node.String(), tt.expected)
        }
    }
}
```

这个测试乍一看好像和 evaluator 中的其他测试一样。那些测试会将源代码传递给 Eval 并期望其返回某种类型的对象。这个测试也是如此，即将 tt.input 传递给 testEval 并期望返回*object.Quote。区别在最后。

最后一个检查通过将节点 String()方法的返回值与 tt.expected 字符串进行比较，确保该*object.Quote 中封装了正确的 ast.Node。这种做法让测试具有很强的表现力和可读性，因为避免了使用冗长的结构体字面量来手动构建 ast.Node。而缺点是需要用到另一个抽象层来进行测试。这在此示例中影响不大，因为 ast.Node 中简单的 String( )方法完全靠得住。不过还是应该了解这种方法的局限性。

现在你应该知道这个测试函数是如何工作的了。下面还有一些测试用例更清楚地说明了对 quote 的调用求值时不对其参数求值的情况：

```go
// evaluator/quote_unquote_test.go

func TestQuote(t *testing.T) {
    tests := []struct {
        input    string
        expected string
    }{
// [...]
        {
            `quote(5 + 8)`,
            `(5 + 8)`,
        },
        {
            `quote(foobar)`,
            `foobar`,
        },
        {
            `quote(foobar + barfoo)`,
            `(foobar + barfoo)`,
        },
    }
// [...]
}
```

由于到目前为止唯一实现的只有 object.Quote 的定义，因此测试失败：

```
$ go test ./evaluator
--- FAIL: TestQuote (0.00s)
quote_unquote_test.go:37: expected *object.Quote. got=*object.Error\
    (&{Message:identifier not found: quote})
FAIL
FAIL    monkey/evaluator        0.009s
```

以下是导致此测试失败的原因。语法分析器先将 quote( )调用转换为*ast.CallExpression。然后 Eval 接受这些表达式并像其他*ast.CallExpression 那样对这些表达式进行求值。这意味着 Eval 会到达被调用的函数。如果*ast.CallExpression 的 Function 字段包含*ast.Identifier，则 Eval 会在当前环境中查找标识符。在这个例子中查找的是 quote。但它不会得到任何结果，因此得到了 identifier not found: quote 错误消息。

一种解决方法是定义一个名为 quote 的内置函数。然后 Eval 会在当前环境中找到该函数并调用它。这种方法不错，但问题在于调用函数时 Eval 有一些默认行为。

还记得 Eval 在对函数体求值之前做了什么吗？**对函数调用的参数求值**！这正是要极力避免的！quote 不能返回求值后的参数。

因此需要修改 Eval 中的这一部分代码，避免在 quote 调用表达式时对其参数求值：

```go
// evaluator/evaluator.go

func Eval(node ast.Node, env *object.Environment) object.Object {
  // [...]
    case *ast.CallExpression:
        function := Eval(node.Function, env)
        if isError(function) {
            return function
        }

        args := evalExpressions(node.Arguments, env)
        if len(args) == 1 && isError(args[0]) {
            return args[0]
        }

        return applyFunction(function, args)
  // [...]
}
```

这里的 evalExpressions(node.Arguments, env) 表达式就是在调用 quote 时需要跳过的内容。下面就来编写绕过这一部分的代码：

```go
// evaluator/evaluator.go

func Eval(node ast.Node, env *object.Environment) object.Object {
  // [...]
    case *ast.CallExpression:
        if node.Function.TokenLiteral() == "quote" {
            return quote(node.Arguments[0])
        }

  // [...]
}
```

这里只是通过检查调用表达式 Function 字段的 TokenLiteral() 方法，来判断是否对 quote 进行了调用。诚然，这不是完美的解决方案，但这样就可以完成工作。

如果调用表达式确实是 quote 调用，那么就将传递给 quote 的单个参数再传递给另一个同样名为 quote 的函数。注意，前面提到过 quote 只能使用一个参数，如下所示：

```go
// evaluator/quote_unquote.go

package evaluator
```

```
import (
    "monkey/ast"
    "monkey/object"
)

func quote(node ast.Node) object.Object {
    return &object.Quote{Node: node}
}
```

就这些。这里只是获取了参数并将其封装在新分配的*object.Quote 中并返回。看到了吗？测试通过了！

```
$ go test ./evaluator
ok        monkey/evaluator          0.009s
```

好了，quote 按预期运行了。不错！接下来就可以着手一些真正有趣的功能了。完成 quote 表示只是完成了一半，现在需要在宏系统中添加对应的 unquote。

5.4 unquote

事物都有对立面。比如，有黑暗就有光明；有 Emacs 就有 Vim；有 quote 就有 unquote。

如果 quote 背后的思想是不对其参数求值并且保留为 ast.Node，那么 unquote 与之相反。quote 会让 Eval "跳过这部分不进行求值"，而 unquote 相当于 "对（在 quote 中的）这些内容求值"。

unquote 可以对 quote 调用中的表达式求值。实际上，在调用 quote(8 + unquote(4 + 4))时，我们期望作为返回值的 ast.Node 所表示的不是 8 + unquote(4 + 4)，而是 8 + 8，因为 unquote 中的参数需要进行求值。

幸好，这种期望的行为很容易转换为测试用例：

```
// evaluator/quote_unquote_test.go

func TestQuoteUnquote(t *testing.T) {
    tests := []struct {
        input    string
        expected string
    }{
        {
            `quote(unquote(4))`,
            `4`,
        },
        {
```

```
                `quote(unquote(4 + 4))`,
                `8`,
            },
            {
                `quote(8 + unquote(4 + 4))`,
                `(8 + 8)`,
            },
            {
                `quote(unquote(4 + 4) + 8)`,
                `(8 + 8)`,
            },
        }

        for _, tt := range tests {
            evaluated := testEval(tt.input)
            quote, ok := evaluated.(*object.Quote)
            if !ok {
                t.Fatalf("expected *object.Quote. got=%T (%+v)",
                    evaluated, evaluated)
            }

            if quote.Node == nil {
                t.Fatalf("quote.Node is nil")
            }

            if quote.Node.String() != tt.expected {
                t.Errorf("not equal. got=%q, want=%q",
                    quote.Node.String(), tt.expected)
            }
        }
    }
```

这里的机制与之前编写的 TestQuote 函数中的机制相同。先将 tt.input 传递给 testEval，得到引用状态的 ast.Node，然后将这个 ast.Node 的 String()方法输出与 tt.expected 的值进行比较。不同之处是现在 quote 调用中又调用了 unquote。正如预期的那样，这会让测试失败：

```
$ go test ./evaluator
--- FAIL: TestQuoteUnquote (0.00s)
  quote_unquote_test.go:88: not equal. got="unquote(4)", want="4"
  quote_unquote_test.go:88: not equal. got="unquote((4 + 4))", want="8"
  quote_unquote_test.go:88: not equal. got="(8 + unquote((4 + 4)))",\
      want="(8 + 8)"
  quote_unquote_test.go:88: not equal. got="(unquote((4 + 4)) + 8)",\
      want="(8 + 8)"
FAIL
FAIL    monkey/evaluator          0.009s
```

让测试通过并不难。前面已经介绍了如何对各种内容求值，那么对 unquote 求值能有多难？在 Eval 中，*ast.CallExpression 已经有 case 分支，我们可以再添加一个条件语句，就像刚刚为 quote 所做的那样。

但难就难在这里。

这次不能调整 Eval，因为现在的处理流程中没有用到 Eval。注意，在遇到一个 quote 调用时，其参数封装在一个*object.Quote 中。按照设计，**这个对象不会传递给 Eval**。由于 unquote 调用只是在 quote 调用的参数中使用，因此 Eval 根本接触不到这部分内容。所以不能依赖 Eval 的递归性质查找 unquote 调用并对其求值，这些工作必须手动完成。

换句话说，想让测试通过，就需要遍历传递给 quote 的参数，从中找到对 unquote 的调用，进而用 Eval 对 unquote 的参数求值。好消息是这么做不难。这些之前在 Eval 中都做过，这里只是重新做一遍。不过有点变化，那就是在遍历树时要修改节点。

5.4.1 遍历树

"修改"这个词需要解释一下。第一步要做的是遍历 AST，找到对 unquote 的调用并将调用的参数传递给 Eval。到这里还没有修改任何内容。只有在对参数求值之后才会有修改，那就是现在想用对 Eval 调用的结果替换与 unquote 有关的整个 *ast.CallExpression。

问题在于，这意味着需要将*ast.CallExpression 节点替换为 Eval 的返回值，而 Eval 返回的是 object.Object，所以这么做是不行的。解决方案是将 unquote 调用的结果转换为新的 AST 节点，用这个新创建的 AST 节点替换（修改）现有的 unquote 调用。

相信我，很快你就能明白了。

为了在没有 Eval 的情况下手动完成所有这些工作，并让 unquote 正常运行，需要构建一个通用函数，用来遍历 AST 并按需修改和替换 ast.Node。这个函数是通用的，不仅仅限于 unquote。处理完 quote 和 unquote 之后，在处理宏时还会用到这个函数。这个函数会让代码更简洁。

最适合添加这个函数的地方就是 ast 包。

1. 第一步

下面的代码列出了我们期望这个函数拥有的行为：

```go
// ast/modify_test.go

package ast

import (
    "reflect"
    "testing"
)

func TestModify(t *testing.T) {
    one := func() Expression { return &IntegerLiteral{Value: 1} }
    two := func() Expression { return &IntegerLiteral{Value: 2} }

    turnOneIntoTwo := func(node Node) Node {
        integer, ok := node.(*IntegerLiteral)
        if !ok {
            return node
        }

        if integer.Value != 1 {
            return node
        }

        integer.Value = 2
        return integer
    }

    tests := []struct {
        input    Node
        expected Node
    }{
        {
            one(),
            two(),
        },
        {
            &Program{
                Statements: []Statement{
                    &ExpressionStatement{Expression: one()},
                },
            },
            &Program{
                Statements: []Statement{
                    &ExpressionStatement{Expression: two()},
                },
            },
        },
    }

    for _, tt := range tests {
        modified := Modify(tt.input, turnOneIntoTwo)
```

```
            equal := reflect.DeepEqual(modified, tt.expected)
            if !equal {
                t.Errorf("not equal. got=%#v, want=%#v",
                    modified, tt.expected)
            }
        }
    }
```

让我们来仔细分析这个测试。

在定义测试之前，我们先定义了 one 和 two 两个辅助函数。两者都返回新的 *ast.IntegerLiteral，分别封装了数字 1 和 2。有了 one 和 two，就不用在测试用例中不断重复创建整数字面量了。这提高了测试的可读性。

接下来定义了一个名为 turnOneIntoTwo 的函数。这个函数的接口很有趣，它接受一个 ast.Node 并返回一个 ast.Node。该函数会检查传入的 ast.Node 是否是表示 1 的 *ast.IntegerLiteral。如果是，则将 1 变成 2。换句话说，它修改了 ast.Node。这个过程易于编写和理解，也不太可能会出错，因此后面每个用到 ast.Modify 函数的测试用例都会使用这个简单的辅助函数。稍后会介绍 ast.Modify。

在第一个测试用例中，输入的内容只包含由 one 返回的节点。这个节点会与 turnOneIntoTwo 一起传递给 Modify，我们期望得到的是 two。流程很简单，即一个节点进来，如果符合某些条件就修改它并返回。

在第二个测试用例中，ast.Modify 能做更多的事情。首先遍历给定的 ast.Program 树并将每个子节点传递给 turnOneIntoTwo，其中会检查是否遇到 one，遇到了就将其转换为 two。

之前说要查找 unquote 的调用并将其替换成新 AST 节点。我敢打赌，你已经看出这与该测试的联系了。

当然，测试失败了，因为 ast.Modify 还不存在：

```
$ go test ./ast
# monkey/ast
ast/modify_test.go:49: undefined: Modify
FAIL    monkey/ast [build failed]
```

多亏了有递归，才让这两个测试用例无须太多代码就能通过：

```
// ast/modify.go

package ast

type ModifierFunc func(Node) Node
```

```go
func Modify(node Node, modifier ModifierFunc) Node {
    switch node := node.(type) {

    case *Program:
        for i, statement := range node.Statements {
            node.Statements[i], _ = Modify(statement, modifier).(Statement)
        }

    case *ExpressionStatement:
        node.Expression, _ = Modify(node.Expression, modifier).(Expression)
    }

    return modifier(node)
}
```

就这些：

```
$ go test ./ast
ok      monkey/ast      0.007s
```

ast.Modify 做了两件事来让测试通过。

第一是递归遍历给定 ast.Node 的子节点。这就是 switch 语句中发生的事情，之前我们已经从 Eval 函数中了解过这种机制。但是某些 ast.Node 没有也不会有自己的 case 分支，例如*ast.IntegerLiteral，因为这些节点没有子节点，无法进行遍历。如果某节点有子节点，就像*ast.Program 一样，我们会对每个子节点调用 ast.Modify，然后对子节点的子节点继续调用 ast.Modify，依此类推。这就是递归。

对 ast.Modify 递归调用的一个效果是，作为调用参数的节点会替换成调用返回的节点。这就引出了 ast.Modify 做的第二件事。

在 ast.Modify 的最后一行，用得到的 Node 调用了 modifier，然后返回了结果。这点很重要。如果只调用 modifier(node)然后执行 return node，那么只是修改了节点，而没有替换 AST 中的节点。

最后一行的另一个作用是停止递归。如果代码运行到这里，就表示所有子节点都遍历完毕。

2. 完成遍历

这样 ast.Modify 的框架就完成了。现在只需要补上缺失的部分，然后就可以遍历一个完整的*ast.Program，其中可以包含所有类型的 ast.Node。

当然，接下来的内容并不是旅程中最激动人心的部分，不过有些细节需要注意。

- 中缀表达式

修改中缀表达式的测试用例，如下所示：

```go
// ast/modify_test.go

func TestModify(t *testing.T) {
// [...]

    tests := []struct {
        input    Node
        expected Node
    }{
// [...]
        {
            &InfixExpression{Left: one(), Operator: "+", Right: two()},
            &InfixExpression{Left: two(), Operator: "+", Right: two()},
        },
        {
            &InfixExpression{Left: two(), Operator: "+", Right: one()},
            &InfixExpression{Left: two(), Operator: "+", Right: two()},
        },
    }

// [...]
}
```

这里的要点是，要确保 ast.Modify 能遍历并修改 *ast.InfixExpression 的 Left 和 Right。目前这个功能还没实现：

```
$ go test ./ast
--- FAIL: TestModify (0.00s)
        modify_test.go:62: not equal. got=&ast.InfixExpression{[...]},\
        want=&ast.InfixExpression{[...]}
        modify_test.go:62: not equal. got=&ast.InfixExpression{[...]},\
        want=&ast.InfixExpression{[...]}
FAIL
FAIL    monkey/ast      0.006s
```

上面的代码中删除了失败测试的部分输出内容，替换为 [...] 以免浪费篇幅。本节剩余部分则完全省略了失败测试的输出内容。

测试失败是因为整数字面量 one 没用替换成 two。若想解决这个问题，需要向 ast.Modify 添加一个新的 case 分支：

```go
// ast/modify.go

func Modify(node Node, modifier ModifierFunc) Node {
    switch node := node.(type) {
```

```
// [...]
    case *InfixExpression:
        node.Left, _ = Modify(node.Left, modifier).(Expression)
        node.Right, _ = Modify(node.Right, modifier).(Expression)

    }

// [...]
}
```

这样测试就通过了，下面继续。

- **前缀表达式**

下面是前缀表达式的测试用例：

```
// ast/modify_test.go

func TestModify(t *testing.T) {
// [...]

    tests := []struct {
        input    Node
        expected Node
    }{
// [...]
        {
            &PrefixExpression{Operator: "-", Right: one()},
            &PrefixExpression{Operator: "-", Right: two()},
        },
    }

// [...]
}
```

这是让测试通过的 case 分支。

```
// ast/modify.go

func Modify(node Node, modifier ModifierFunc) Node {
    switch node := node.(type) {

// [...]
    case *PrefixExpression:
        node.Right, _ = Modify(node.Right, modifier).(Expression)

    }

// [...]
}
```

- **索引表达式**

索引表达式有两部分，要分别测试：

```go
// ast/modify_test.go

func TestModify(t *testing.T) {
// [...]
    tests := []struct {
        input    Node
        expected Node
    }{
// [...]
        {
            &IndexExpression{Left: one(), Index: one()},
            &IndexExpression{Left: two(), Index: two()},
        },
    }
// [...]
}
```

遍历 Left 和 Index 节点很简单。

```go
// ast/modify.go

func Modify(node Node, modifier ModifierFunc) Node {
    switch node := node.(type) {
// [...]
    case *IndexExpression:
        node.Left, _ = Modify(node.Left, modifier).(Expression)
        node.Index, _ = Modify(node.Index, modifier).(Expression)

    }
// [...]
}
```

- **If 表达式**

If 表达式有多个可修改的部分，这些部分都需要遍历并且可能需要修改。Condition 可以是任何 ast.Expression。然后还有 Consequence 和 Alternative 字段，这些是 *ast.BlockStatement，其中可以包含任意数量的 ast.Statement。编写的测试用例要确保所有这些部分都正确地遍历了：

```go
// ast/modify_test.go

func TestModify(t *testing.T) {
```

```go
// [...]
    tests := []struct {
        input    Node
        expected Node
    }{
// [...]
        {
            &IfExpression{
                Condition: one(),
                Consequence: &BlockStatement{
                    Statements: []Statement{
                        &ExpressionStatement{Expression: one()},
                    },
                },
                Alternative: &BlockStatement{
                    Statements: []Statement{
                        &ExpressionStatement{Expression: one()},
                    },
                },
            },
            &IfExpression{
                Condition: two(),
                Consequence: &BlockStatement{
                    Statements: []Statement{
                        &ExpressionStatement{Expression: two()},
                    },
                },
                Alternative: &BlockStatement{
                    Statements: []Statement{
                        &ExpressionStatement{Expression: two()},
                    },
                },
            },
        },
// [...]
}
```

幸好让测试用例通过所需的代码不多。

```go
// ast/modify.go

func Modify(node Node, modifier ModifierFunc) Node {
    switch node := node.(type) {
// [...]
    case *IfExpression:
        node.Condition, _ = Modify(node.Condition, modifier).(Expression)
        node.Consequence, _ = Modify(node.Consequence, modifier).(*BlockStatement)
        if node.Alternative != nil {
            node.Alternative, _ = Modify(node.Alternative, modifier).(*BlockStatement)
        }
```

```
case *BlockStatement:
    for i, _ := range node.Statements {
        node.Statements[i], _ = Modify(node.Statements[i], modifier).(Statement)
    }
}
// [...]
}
```

- return 语句

return 语句只有一个子节点，即 ReturnValue，这是一个 ast.Expression。

```
// ast/modify_test.go

func TestModify(t *testing.T) {
// [...]
    tests := []struct {
        input    Node
        expected Node
    }{
// [...]
        {
            &ReturnStatement{ReturnValue: one()},
            &ReturnStatement{ReturnValue: two()},
        },
    }
// [...]
}
```

这是个小巧可爱的测试用例，不是吗？现在来看看这个超级可爱的 case 分支，它能让测试通过：

```
// ast/modify.go

func Modify(node Node, modifier ModifierFunc) Node {
    switch node := node.(type) {
// [...]
    case *ReturnStatement:
        node.ReturnValue, _ = Modify(node.ReturnValue, modifier).(Expression)

    }
// [...]
}
```

好吧，这并不"超级可爱"，坦率地说是越来越无聊了。不过我保证，就快完成了。

- **let 语句**

let 语句也只有一个可修改的部分，那就是绑定到名称的 Value。

```go
// ast/modify_test.go

func TestModify(t *testing.T) {
// [...]

    tests := []struct {
        input    Node
        expected Node
    }{
// [...]
        {
            &LetStatement{Value: one()},
            &LetStatement{Value: two()},
        },
    }

// [...]
}
```

*ast.LetStatement 的 case 分支会将这个 Value 传递给 modifier 函数：

```go
// ast/modify.go

func Modify(node Node, modifier ModifierFunc) Node {
    switch node := node.(type) {

// [...]
    case *LetStatement:
        node.Value, _ = Modify(node.Value, modifier).(Expression)

    }

// [...]
}
```

语句处理完了，下面来处理字面量。

- **函数字面量**

函数字面量中有一个 Body，这是*ast.BlockStatement；还有一个 Parameters，这是一个*ast.Identifier 切片。严格来说，并不一定要遍历参数。ast.ModifierFunc 本身可以处理这些工作，因为其接受的是函数字面量，而其中的参数不会含有子节点。但是由于我们很善良，因此这里也一同处理了，虽然这会稍稍增加测试的难度：

```
// ast/modify_test.go

func TestModify(t *testing.T) {
// [...]

    tests := []struct {
        input    Node
        expected Node
    }{
// [...]
        {
            &FunctionLiteral{
                Parameters: []*Identifier{},
                Body: &BlockStatement{
                    Statements: []Statement{
                        &ExpressionStatement{Expression: one()},
                    },
                },
            },
            &FunctionLiteral{
                Parameters: []*Identifier{},
                Body: &BlockStatement{
                    Statements: []Statement{
                        &ExpressionStatement{Expression: two()},
                    },
                },
            },
        },
    }
// [...]
}
```

因为 Modify 已经有一个针对*ast.BlockStatement 的 case 分支，所以少量代码就可以让这个新的测试用例通过。

```
// ast/modify.go

func Modify(node Node, modifier ModifierFunc) Node {
    switch node := node.(type) {

// [...]
    case *FunctionLiteral:
        for i, _ := range node.Parameters {
            node.Parameters[i], _ = Modify(node.Parameters[i], modifier).(*Identifier)
        }
        node.Body, _ = Modify(node.Body, modifier).(*BlockStatement)

    }

// [...]
}
```

- 数组字面量

数组字面量是用逗号分隔的表达式列表。我们要做的就是测试所有表达式是否都迭代并正确传递给了 ast.Modify：

```go
// ast/modify_test.go

func TestModify(t *testing.T) {
// [...]

    tests := []struct {
        input    Node
        expected Node
    }{
// [...]
        {
            &ArrayLiteral{Elements: []Expression{one(), one()}},
            &ArrayLiteral{Elements: []Expression{two(), two()}},
        },
    }
// [...]
}
```

只需要一个循环就可以让这个测试用例通过。

```go
// ast/modify.go

func Modify(node Node, modifier ModifierFunc) Node {
    switch node := node.(type) {

// [...]
    case *ArrayLiteral:
        for i, _ := range node.Elements {
            node.Elements[i], _ = Modify(node.Elements[i], modifier).(Expression)
        }

    }

// [...]
}
```

- 哈希字面量

哈希字面量中有一个字段必须遍历，那就是 Pairs，这是一个 map[Expression]-Expression。因此必须遍历映射并修改映射的键和值，因为两者都可能包含需要修改的节点。

这本身不是问题，问题是对应的测试不适合现有的框架，因为 TestModify 中的

reflect.DeepEqual 需要处理具有键和值指针的映射（此处不会深入讨论）。因此需要在 TestModify 的末尾为*ast.HashLiteral 单独设置一个不使用 reflect.DeepEqual 的部分：

```go
// ast/modify_test.go

func TestModify(t *testing.T) {
// [...]

    hashLiteral := &HashLiteral{
        Pairs: map[Expression]Expression{
            one(): one(),
            one(): one(),
        },
    }

    Modify(hashLiteral, turnOneIntoTwo)

    for key, val := range hashLiteral.Pairs {
        key, _ := key.(*IntegerLiteral)
        if key.Value != 2 {
            t.Errorf("value is not %d, got=%d", 2, key.Value)
        }
        val, _ := val.(*IntegerLiteral)
        if val.Value != 2 {
            t.Errorf("value is not %d, got=%d", 2, val.Value)
        }
    }
}
```

尽管这是新内容，但理解起来不难。以上代码创建了一个新的*ast.HashLiteral，其 Pairs 中只有 one。然后这个哈希字面量会传递给 ast.Modify，之后手动检查每个 one 都已经有效地转换成了 two。目前这个测试肯定会失败：

```
$ go test ./ast
--- FAIL: TestModify (0.00s)
modify_test.go:146: value is not 2, got=1
modify_test.go:150: value is not 2, got=1
modify_test.go:146: value is not 2, got=1
modify_test.go:150: value is not 2, got=1
FAIL
FAIL    monkey/ast      0.007s
```

解决这个问题的方法是创建一个新的 map[Expression]Expression，替换原来的 Pairs：

```go
// ast/modify.go

func Modify(node Node, modifier ModifierFunc) Node {
    switch node := node.(type) {
```

```
// [...]
    case *HashLiteral:
        newPairs := make(map[Expression]Expression)
        for key, val := range node.Pairs {
            newKey, _ := Modify(key, modifier).(Expression)
            newVal, _ := Modify(val, modifier).(Expression)
            newPairs[newKey] = newVal
        }
        node.Pairs = newPairs

    }

// [...]
}
```

这样测试就通过了：

```
$ go test ./ast
ok      monkey/ast      0.006s
```

新的 ast.Modify 函数就算完成了！现在可以继续前进了。但在开始之前，还需要说一些事情。

- **下划线表示未完成的工作**

错误处理！简单来说，我们直接忽略了错误处理。刚才没有确认 ast.Modify 中的类型断言是否有效，直接用下划线跳过了可能的错误。当然，这不是理想的处理方式，但限于篇幅，这里就没有正确完成这部分工作。介绍完整的错误处理会占用太多篇幅，其中满是无聊的条件和布尔检查。

所以在庆祝 ast.Modify 最终可以运行之前，要记着 ast.Modify 中的下划线还未处理。

话虽如此，但我们做完了！ast.Modify 构建成功了！

5.4.2 替换 unquote 调用

完成 ast.Modify 并经过全面测试后，现在可以将注意力转回到最初的任务上。还记得吗？任务是对 unquote 的参数求值，也就是对 quote 中尚未求值的 ast.Node 求值。如果还想不起来，那么下面这个仍然失败的测试能让你想起来：

```
$ go test ./evaluator
--- FAIL: TestQuoteUnquote (0.00s)
  quote_unquote_test.go:88: not equal. got="unquote(4)", want="4"
  quote_unquote_test.go:88: not equal. got="unquote((4 + 4))", want="8"
```

```
quote_unquote_test.go:88: not equal. got="(8 + unquote((4 + 4)))",\
    want="(8 + 8)"
quote_unquote_test.go:88: not equal. got="(unquote((4 + 4)) + 8)",\
    want="(8 + 8)"
FAIL
FAIL    monkey/evaluator            0.007s
```

如何才能让TestQuoteUnquote通过呢？从ast.Modify的角度思考就很容易想清楚。每当在quote中遇到ast.Node时，需要先将其传递给ast.Modify。ast.Modify的第二个参数ast.ModifierFunc会替换所有对unquote的调用。

现在处理第一步：

```
// evaluator/quote_unquote.go

import (
    "monkey/ast"
    "monkey/object"
)

func quote(node ast.Node) object.Object {
    node = evalUnquoteCalls(node)
    return &object.Quote{Node: node}
}

func evalUnquoteCalls(quoted ast.Node) ast.Node {
    return ast.Modify(quoted, func(node ast.Node) ast.Node {
        if !isUnquoteCall(node) {
            return node
        }

        call, ok := node.(*ast.CallExpression)
        if !ok {
            return node
        }

        if len(call.Arguments) != 1 {
            return node
        }

        return node
    })
}

func isUnquoteCall(node ast.Node) bool {
    callExpression, ok := node.(*ast.CallExpression)
    if !ok {
        return false
    }

    return callExpression.Function.TokenLiteral() == "unquote"
}
```

我们对现有的 quote 函数改动很小，只是在 node 转为引用状态之前，将其传递给新的 evalUnquoteCalls 函数。

之后 evalUnquoteCalls 使用 ast.Modify 遍历 quoted 参数中包含的每个 ast.Node。并且 ast.ModifierFunc 检查了每个给定的 ast.Node 是否是含有单个参数的 unquote 调用。没错，修改函数到现在并没有做任何实际工作，只是检查了接受的节点，不会修改任何内容！当然，这还不足以让测试通过：

```
$ go test ./evaluator
--- FAIL: TestQuoteUnquote (0.00s)
  quote_unquote_test.go:88: not equal. got="unquote(4)", want="4"
  quote_unquote_test.go:88: not equal. got="unquote((4 + 4))", want="8"
  quote_unquote_test.go:88: not equal. got="(8 + unquote((4 + 4)))",\
      want="(8 + 8)"
  quote_unquote_test.go:88: not equal. got="(unquote((4 + 4)) + 8)",\
      want="(8 + 8)"
FAIL
FAIL    monkey/evaluator        0.007s
```

一旦发现 unquote 调用，需要做什么？unquote 是 quote 的对立面，quote 不会对其参数求值，那么与之相反，unquote 就要对其参数求值。我们已经知道如何做到这一点，那就是调用 Eval。

但是为了使用 Eval，还需要一个 *object.Environment，用来对其中的节点求值。在调用 quote 时我们就有一个环境，所以要做的只是将其传递出去。为此首先需要修改 Eval 中的 case 分支，添加一个参数来将环境添加到对 quote 的调用中：

```
// evaluator/evaluator.go

func Eval(node ast.Node, env *object.Environment) object.Object {
// [...]

    case *ast.CallExpression:
        if node.Function.TokenLiteral() == "quote" {
            return quote(node.Arguments[0], env)
        }

// [...]
}
```

现在可以修改 quote 的签名并将 env 传递给 evalUnquoteCalls：

```
// evaluator/quote_unquote.go

func quote(node ast.Node, env *object.Environment) object.Object {
    node = evalUnquoteCalls(node, env)
    return &object.Quote{Node: node}
}
```

在 evalUnquoteCalls 的匿名函数中，终于可以使用传入的 env 调用 Eval 了：

```
// evaluator/quote_unquote.go

func evalUnquoteCalls(quoted ast.Node, env *object.Environment) ast.Node {
    return ast.Modify(quoted, func(node ast.Node) ast.Node {
// [...]

        return Eval(call.Arguments[0], env)
    })
}
```

完美！只是测试还不通过。编译器理所当然地拒绝接受这些代码：

```
$ go test ./evaluator
# monkey/evaluator
evaluator/quote_unquote.go:28: cannot use Eval(call.Arguments[0], env)\
  (type object.Object) as type ast.Node in return argument:
        object.Object does not implement ast.Node (missing String method)
FAIL    monkey/evaluator [build failed]
```

就像本章早些时候预测的那样，新添加的 Eval 调用返回的是 object.Object，这不能作为 ast.ModifierFunc 的返回值，因为 ast.ModifierFunc 必须返回一个 ast.Node。也就是说，我们现在有一个 object.Object，但需要的是一个 ast.Node。

这是 quote/unquote 中最后一个需要解决的问题。先回退一步，分析一下我们要做什么。

Go 函数 quote 返回*object.Quote，其中包含一个未求值的 ast.Node。在这个未求值的节点内，可以调用 Monkey 函数 unquote 来对表达式求值。具体方法是对 unquote 调用的参数求值，用求值结果替换表示 unquote 调用表达式的 ast.Node。这个求值结果是由 Eval 返回的 object.Object。

这意味着，为了替换 unquote 调用并将结果插入未求值的 ast.Node 中，必须再次将其转换为 ast.Node。

```
// evaluator/quote_unquote.go

import (
// [...]
    "fmt"
    "monkey/token"
)

func evalUnquoteCalls(quoted ast.Node, env *object.Environment) ast.Node {
    return ast.Modify(quoted, func(node ast.Node) ast.Node {
// [...]
```

```
            unquoted := Eval(call.Arguments[0], env)
            return convertObjectToASTNode(unquoted)
        })
    }

    func convertObjectToASTNode(obj object.Object) ast.Node {
        switch obj := obj.(type) {
        case *object.Integer:
            t := token.Token{
                Type:    token.INT,
                Literal: fmt.Sprintf("%d", obj.Value),
            }
            return &ast.IntegerLiteral{Token: t, Value: obj.Value}

        default:
            return nil
        }
    }
```

新的 convertObjectToASTNode 函数创建了与某个 obj 对应的 ast.Node。此外，它还创建了一个对应的 token.Token，否则测试无法运行，因为 ast.Node 的 String() 方法非常依赖这些词法单元。虽然这不是一个好理由，词法单元其实可以在别的地方构建，但这是编写过程中所做的权衡之一。除了词法单元之外，这里还忽略了可能的错误，只返回 nil。这可以留给你练习，暂且就不深究了。

测试通过了！

```
$ go test ./evaluator
ok      monkey/evaluator        0.009s
```

quote 和 unquote 都能工作了！现在可以使用 quote 阻止对源代码的求值，而可以使用 unquote 继续对其中的某些节点求值。真棒！

除了这些，还有一个隐藏功能。你可能已经注意到，在 evalUnquoteCalls 中可以访问 quote 调用的当前环境 env，然后将其传递给 ast.ModifierFunc 中的 Eval 调用。这样在 unquote 调用中对参数的求值会用到相关的环境。下面是 TestQuoteUnquote 的两个测试用例，展示了这个功能的效果：

```
// evaluator/quote_unquote_test.go

func TestQuoteUnquote(t *testing.T) {
    tests := []struct {
        input    string
        expected string
    }{
// [...]
        {
            `let foobar = 8;
```

```
                quote(foobar)`,
                `foobar`,
        },
        {
                `let foobar = 8;
                quote(unquote(foobar))`,
                `8`,
        },
    }
// [...]
}
```

第一个测试用来确认 quote 中的标识符不会被解析或求值。这是健全性检查。

在第二个测试中，unquote 用来对标识符 foobar 求值并将测试的 env 传递给 Eval。这会解析标识符并返回其绑定的对象。之后该对象被重新转换为 AST 节点。很神奇吧？事实上有了环境就能做更多的事。

唯一的问题是，convertObjectToASTNode 只能将整数转换回 AST 节点。下面来添加更多测试并扩展 convertObjectToASTNode，让其能转换更多类型的对象。

1. 将布尔值转成 AST 节点

与整数转为 AST 节点一样，将 *object.Boolean 转为 ast.Node 也很简单。下面两个测试用来确认代码能够处理 true 字面量和表达式的布尔值结果：

```
// evaluator/quote_unquote_test.go

func TestQuoteUnquote(t *testing.T) {
    tests := []struct {
        input    string
        expected string
    }{
// [...]
        {
            `quote(unquote(true))`,
            `true`,
        },
        {
            `quote(unquote(true == false))`,
            `false`,
        },
    }
// [...]
}
```

测试失败，因为 convertObjectToASTNode 还不能处理布尔值：

```
$ go test ./evaluator
--- FAIL: TestQuoteUnquote (0.00s)
  quote_unquote_test.go:101: quote.Node is nil
FAIL
FAIL    monkey/evaluator        0.009s
```

我们要做的是，在 convertObjectToASTNode 的 switch 语句中添加另一个 case 分支：

```
// evaluator/quote_unquote.go

func convertObjectToASTNode(obj object.Object) ast.Node {
    switch obj := obj.(type) {
// [...]

    case *object.Boolean:
        var t token.Token
        if obj.Value {
            t = token.Token{Type: token.TRUE, Literal: "true"}
        } else {
            t = token.Token{Type: token.FALSE, Literal: "false"}
        }
        return &ast.Boolean{Token: t, Value: obj.Value}
// [...]
    }
}
```

测试通过。而且可以肯定的是，现在为 convertObjectToASTNode 添加其他类型的对象转换不会有任何问题。另外还有一种很酷的功能需要介绍一下。

2. quote-unquote-quote 嵌套

这里的想法是，只要修改 convertObjectToASTNode 就能实现 quote-unquote-quote 三层嵌套，很不错吧？当然，"在已引用的源代码中反引用那些已引用的源代码"虽然很适合作为一本关于元编程的书的书名，但不能精确表达我的意思。

用下面的测试来说明这一嵌套，这样更清晰：

```
// evaluator/quote_unquote_test.go

func TestQuoteUnquote(t *testing.T) {
    tests := []struct {
        input    string
        expected string
    }{
// [...]
        {
            `quote(unquote(quote(4 + 4)))`,
            `(4 + 4)`,
```

```
            },
            {
                `let quotedInfixExpression = quote(4 + 4);
                quote(unquote(4 + 4) + unquote(quotedInfixExpression))`,
                `(8 + (4 + 4))`,
            },
        }

    // [...]
    }
```

在这两个测试用例中，首先将一个中缀表达式 4 + 4 置于引用状态，然后将其作为参数调用 unquote，而这个 unquote 是外部 quote 调用的参数。

第二个测试用例清楚地表明了这个特性的目的：传递引用后的源代码。如果能对已经引用的源代码执行反引用操作，那么就能基于已有的 ast.Node 来构建新的 ast.Node。稍后构建宏时就会使用这种机制。

但首先必须修复失败的测试，因为 unquote 目前还不能处理*object.Quote：

```
$ go test ./evaluator
--- FAIL: TestQuoteUnquote (0.00s)
  quote_unquote_test.go:110: quote.Node is nil
FAIL
FAIL    monkey/evaluator        0.007s
```

下面这段小巧的代码能让测试通过：

```
// evaluator/quote_unquote.go

func convertObjectToASTNode(obj object.Object) ast.Node {
    switch obj := obj.(type) {
// [...]

    case *object.Quote:
        return obj.Node

// [...]
    }
}
```

如果你目前不明白这个 quote(unquote(quote()))的运行机制和方式，不用担心，这是正常的，这需要多琢磨一下才能理解。

在介绍宏扩展之前，我觉得有必要指出 Monkey 的 quote/unquote 系统缺失的部分内容。

3. 提醒

现在的实现没有对 AST 节点进行适当的修改，不过这超出了本书的范畴。目前 ast.Modify 只是修改了子节点，不更新父节点的 Token 字段。这会导致节点的 String() 方法输出的信息与节点不一致，甚至出现其他错误。

convertObjectToASTNode 会实时创建新的词法单元。目前这种方式没有问题，但是如果词法单元需要包含有关其来源的信息，例如文件名或行号，那么就必须更新这些信息。对于动态创建的词法单元来说，做到这一点可能非常困难。

当然还有错误处理，目前的实现并不妥当，也不具有任何防御性，而是处于一种"听天由命"的状态。

强调完需要注意的问题，我也算尽了义务。下面介绍宏系统的最后一步：实现宏扩展。

5.5 宏扩展

Monkey 源代码是通过一系列步骤来解释的。首先将源代码提供给词法分析器以将其转换为词法单元；然后通过语法分析器将词法单元转换为 AST；最后 Eval 递归求值 AST 中的节点，逐个处理每条语句和表达式。这相当于有 3 个独立的步骤或阶段，分别是词法分析、语法分析和求值。从数据结构的角度来看，这分别是字符串到词法单元、词法单元到 AST、AST 到输出 3 个阶段。

接下来要做的是再添加一个阶段，也就是宏扩展阶段。它位于第二阶段和第三阶段之间，也就是语法分析和求值之间。这个阶段不能放在其他地方，只能放在这里，因为只有这里才能完成"宏扩展"。

从概念上讲，"宏扩展"意味着要对源代码中所有宏的调用求值，并用求值的返回值替换原来的宏。宏的处理流程是将源代码作为输入，然后再返回源代码，也就是调用宏之后会得到"展开"的源代码，因为每次调用都可能会生成更多的源代码。

为此，需要以可访问的形式来表示源代码。而只有在语法分析器完成其工作之后才会得到可访问的 AST。这就是为什么要在语法分析阶段之后添加宏扩展阶段。同时还要在求值阶段之前添加宏扩展，不然就太晚了，因为修改不会再次求值的源代码没有意义。

再次从数据结构的角度来看问题：词法分析阶段将字符串转换为词法单元；语法

分析阶段将词法单元转换为 AST；宏扩展阶段获取 AST 并对其进行修改；最后求值修改后的 AST。

这就是宏扩展阶段背后的思想。那么怎么实现宏扩展呢？一步一步来，这个工作分两个步骤。

第一步是遍历 AST 并找到所有的宏定义。宏定义只是一条 let 语句，其中的值是一个宏字面量，所以处理起来不会很麻烦。

```
let myMacro = macro(x, y) { quote(unquote(x) + unquote(y)); }
```

一旦找到了这样的宏定义，就必须将其提取出来。这意味着要从 AST 中删除这个宏，然后保存到其他地方，以便稍后访问。遇到的宏必须从 AST 中删除，否则在稍后的求值阶段会遇到问题。

第二步是找到**对这些宏的调用**并对其求值。这与在 Eval 中处理函数调用非常类似。两者的重要区别在于，对宏调用求值这个阶段，在对宏主体求值之前不会对宏调用的参数求值。宏调用的参数在宏主体中会以未求值的 ast.Node 形式访问。这就是宏与普通函数的不同之处，即宏要与未求值的 AST 打交道。

求值完成后，必须将宏调用的结果重新插回 AST，就像处理 unquote 那样，只是现在不必将返回值转换为 ast.Node，因为宏已经返回了 AST 节点。

那么就来编写并查找宏定义吧。

5.5.1 macro 关键字

首先，为了使用 macro 关键字，必须让词法分析器能够处理它。这意味着必须添加一个新的词法单元类型并在词法分析过程中返回正确的词法单元。先来处理词法单元类型：

```
// token/token.go

const (
// [...]

    MACRO = "MACRO"
)
```

接着向词法分析器添加一个测试，确保宏字面量能正确地进行词法分析：

```
// lexer/lexer_test.go

func TestNextToken(t *testing.T) {
```

```
    input := `let five = 5;
let ten = 10;

let add = fn(x, y) {
x + y;
};

let result = add(five, ten);
!-/*5;
5 < 10 > 5;

if (5 < 10) {
    return true;
} else {
    return false;
}

10 == 10;
10 != 9;
"foobar"
"foo bar"
[1, 2];
{"foo": "bar"}
macro(x, y) { x + y; };
`
    tests := []struct {
        expectedType    token.TokenType
        expectedLiteral string
    }{
// [...]
        {token.MACRO, "macro"},
        {token.LPAREN, "("},
        {token.IDENT, "x"},
        {token.COMMA, ","},
        {token.IDENT, "y"},
        {token.RPAREN, ")"},
        {token.LBRACE, "{"},
        {token.IDENT, "x"},
        {token.PLUS, "+"},
        {token.IDENT, "y"},
        {token.SEMICOLON, ";"},
        {token.RBRACE, "}"},
        {token.SEMICOLON, ";"},
        {token.EOF, ""},
    }
// [...]
}
```

这里用一行包含宏字面量的新代码扩展了 input，其中使用了新的 macro 关键字。虽然这可以简化成只使用 macro 关键字，但我喜欢在测试输入中包含上下文。对于

tests 本身来说，唯一的新词法单元是具有 token.MACRO 类型的那个词法单元。

```
$ go test ./lexer
--- FAIL: TestNextToken (0.00s)
  lexer_test.go:149: tests[86] - tokentype wrong. expected="MACRO", got="IDENT"
FAIL
FAIL    monkey/lexer    0.007s
```

测试失败。不过，现在只需插入一行代码就能让其通过：

```
// token/token.go

var keywords = map[string]TokenType{
// [...]
    "macro":   MACRO,
}
```

能用一行代码修复真是太好了！

词法分析器的部分就完成了，测试通过。现在 Monkey 能处理源代码中的 macro 关键字了，下面来处理语法分析器。

5.5.2　宏字面量语法分析

现在词法分析器能生成 token.MACRO 词法单元，接下来需要扩展语法分析器，这样就能将其中的内容保存下来，因此需要支持宏字面量。

对应的测试看起来很像已有的函数字面量测试：

```
// parser/parser_test.go

func TestMacroLiteralParsing(t *testing.T) {
    input := `macro(x, y) { x + y; }`

    l := lexer.New(input)
    p := New(l)
    program := p.ParseProgram()
    checkParserErrors(t, p)

    if len(program.Statements) != 1 {
        t.Fatalf("program.Statements does not contain %d statements. got=%d\n",
            1, len(program.Statements))
    }

    stmt, ok := program.Statements[0].(*ast.ExpressionStatement)
    if !ok {
        t.Fatalf("statement is not ast.ExpressionStatement. got=%T",
            program.Statements[0])
    }
```

```
    macro, ok := stmt.Expression.(*ast.MacroLiteral)
    if !ok {
        t.Fatalf("stmt.Expression is not ast.MacroLiteral. got=%T",
            stmt.Expression)
    }

    if len(macro.Parameters) != 2 {
        t.Fatalf("macro literal parameters wrong. want 2, got=%d\n",
            len(macro.Parameters))
    }

    testLiteralExpression(t, macro.Parameters[0], "x")
    testLiteralExpression(t, macro.Parameters[1], "y")

    if len(macro.Body.Statements) != 1 {
        t.Fatalf("macro.Body.Statements has not 1 statements. got=%d\n",
            len(macro.Body.Statements))
    }

    bodyStmt, ok := macro.Body.Statements[0].(*ast.ExpressionStatement)
    if !ok {
        t.Fatalf("macro body stmt is not ast.ExpressionStatement. got=%T",
            macro.Body.Statements[0])
    }

    testInfixExpression(t, bodyStmt.Expression, "x", "+", "y")
}
```

测试失败了，无法编译，因为缺少 ast.MacroLiteral 的定义：

```
$ go test ./parser
# monkey/parser
parser/parser_test.go:958: undefined: ast.MacroLiteral
FAIL    monkey/parser [build failed]
```

不过这很容易解决，因为在 ast.FunctionLiteral 基础上新建一个就可以了：

```
// ast/ast.go

type MacroLiteral struct {
    Token      token.Token // 'macro'词法单元
    Parameters []*Identifier
    Body       *BlockStatement
}

func (ml *MacroLiteral) expressionNode()      {}
func (ml *MacroLiteral) TokenLiteral() string { return ml.Token.Literal }
func (ml *MacroLiteral) String() string {
    var out bytes.Buffer

    params := []string{}
```

```
    for _, p := range ml.Parameters {
        params = append(params, p.String())
    }

    out.WriteString(ml.TokenLiteral())
    out.WriteString("(")
    out.WriteString(strings.Join(params, ", "))
    out.WriteString(") ")
    out.WriteString(ml.Body.String())

    return out.String()
}
```

除了类型名称是 `MacroLiteral` 之外，这里完全没有新内容。其他一切都是对 `ast.FunctionLiteral` 的精确复制。

这些代码确实有效。测试现在正确地报错了，因为语法分析器不能将宏字面量词法单元转换成*ast.MacroLiteral：

```
$ go test ./parser
--- FAIL: TestMacroLiteralParsing (0.00s)
  parser_test.go:1124: parser has 6 errors
  parser_test.go:1126: parser error:\
      "no prefix parse function for MACRO found"
  parser_test.go:1126: parser error:\
      "expected next token to be ), got , instead"
  parser_test.go:1126: parser error:\
      "no prefix parse function for , found"
  parser_test.go:1126: parser error:\
      "no prefix parse function for ) found"
  parser_test.go:1126: parser error:\
      "expected next token to be :, got ; instead"
  parser_test.go:1126: parser error:\
      "no prefix parse function for } found"
FAIL
FAIL    monkey/parser    0.008s
```

结果看上去还行。

为了让测试通过，只需要看看之前是如何解析函数字面量的，然后照葫芦画瓢来处理宏字面量。

与 `fn` 关键字一样，以语法分析器的话来说，在宏字面量的前缀位置可以找到 `macro` 关键字。这意味着必须为 `token.MACRO` 注册一个新的 `prefixParseFn` 来解析宏字面量：

```
// parser/parser.go

func New(l *lexer.Lexer) *Parser {
// [...]
```

```
            p.registerPrefix(token.MACRO, p.parseMacroLiteral)
// [...]
}

func (p *Parser) parseMacroLiteral() ast.Expression {
    lit := &ast.MacroLiteral{Token: p.curToken}

    if !p.expectPeek(token.LPAREN) {
        return nil
    }

    lit.Parameters = p.parseFunctionParameters()

    if !p.expectPeek(token.LBRACE) {
        return nil
    }

    lit.Body = p.parseBlockStatement()

    return lit
}
```

现在当语法分析器遇到 macro 关键字时，会期望在其后找到一对包含宏字面量参数的括号()。虽然现在处理的是宏参数，但在这里也可以复用 parseFunctionParameters 方法。此外还可以复用 parseBlockStatement 来解析宏的 Body，因为这依然只是一个块语句，其中包含零条或多条语句。

测试通过了：

```
$ go test ./parser
ok      monkey/parser   0.008s
```

现在可以解析宏字面量了！

5.5.3　定义宏

现在的词法分析器和语法分析器能构建 ast.MacroLiteral 了，接下来可以将注意力转向如何在 AST 中找到这些节点。记住，宏扩展阶段的第一步是从 AST 中提取所有宏定义并保存，第二步是对其进行求值。

与往常一样，先从测试开始，以明确我们所期望的行为：

```
// evaluator/macro_expansion_test.go

package evaluator
```

```go
import (
    "monkey/ast"
    "monkey/lexer"
    "monkey/object"
    "monkey/parser"
    "testing"
)

func TestDefineMacros(t *testing.T) {
    input := `
    let number = 1;
    let function = fn(x, y) { x + y };
    let mymacro = macro(x, y) { x + y; };
    `

    env := object.NewEnvironment()
    program := testParseProgram(input)

    DefineMacros(program, env)

    if len(program.Statements) != 2 {
        t.Fatalf("Wrong number of statements. got=%d",
            len(program.Statements))
    }

    _, ok := env.Get("number")
    if ok {
        t.Fatalf("number should not be defined")
    }
    _, ok = env.Get("function")
    if ok {
        t.Fatalf("function should not be defined")
    }

    obj, ok := env.Get("mymacro")
    if !ok {
        t.Fatalf("macro not in environment.")
    }

    macro, ok := obj.(*object.Macro)
    if !ok {
        t.Fatalf("object is not Macro. got=%T (%+v)", obj, obj)
    }

    if len(macro.Parameters) != 2 {
        t.Fatalf("Wrong number of macro parameters. got=%d",
            len(macro.Parameters))
    }

    if macro.Parameters[0].String() != "x" {
        t.Fatalf("parameter is not 'x'. got=%q", macro.Parameters[0])
    }
```

```
    if macro.Parameters[1].String() != "y" {
        t.Fatalf("parameter is not 'y'. got=%q", macro.Parameters[1])
    }

    expectedBody := "(x + y)"

    if macro.Body.String() != expectedBody {
        t.Fatalf("body is not %q. got=%q", expectedBody, macro.Body.String())
    }
}

func testParseProgram(input string) *ast.Program {
    l := lexer.New(input)
    p := parser.New(l)
    return p.ParseProgram()
}
```

TestDefineMacros 的代码超过 50 行，有点多。不过幸好其中很多只是样板代码和健全性检查。这些代码的目的是检查函数 DefineMacros（尚未编写）能否将解析得到的 program 和 *object.Environment 作为参数，以及能否一个一个地添加宏定义。这个测试还期望其他 let 语句被忽略，这样就可以稍后再对其求值。

你可能已经预料到尝试运行此测试时会发生什么。是的，测试失败了，无法编译。除了缺少前面提到的 DefineMacros 函数，还缺少 *object.Macro 的定义。先来解决这个问题。

与 ast.MacroLiteral 和 ast.FunctionLiteral 类似，新的 object.Macro 几乎是 object.Function 的翻版，只是名称不同。虽然这简化了工作，但让人感到无聊：

```
// object/object.go

const (
// [...]
    MACRO_OBJ = "MACRO"
)

type Macro struct {
    Parameters []*ast.Identifier
    Body       *ast.BlockStatement
    Env        *Environment
}

func (m *Macro) Type() ObjectType { return MACRO_OBJ }
func (m *Macro) Inspect() string {
    var out bytes.Buffer

    params := []string{}
    for _, p := range m.Parameters {
```

```
            params = append(params, p.String())
        }

        out.WriteString("macro")
        out.WriteString("(")
        out.WriteString(strings.Join(params, ", "))
        out.WriteString(") {\n")
        out.WriteString(m.Body.String())
        out.WriteString("\n}")

        return out.String()
    }
```

以上所有的字段和方法都与 object.Function 中的对应内容完全相同，只是类型名称和 ObjectType 不同。

有了这个定义，测试终于……好吧，没有通过，还是无法编译，但它为我们指明了正确的方向：

```
$ go test ./evaluator
# monkey/evaluator
evaluator/macro_expansion_test.go:21: undefined: DefineMacros
FAIL    monkey/evaluator [build failed]
```

这是一件好事，因为现在定义 DefineMacros 就能一步到位，让测试既能编译也能通过：

```
// evaluator/macro_expansion.go

package evaluator

import (
    "monkey/ast"
    "monkey/object"
)

func DefineMacros(program *ast.Program, env *object.Environment) {
    definitions := []int{}

    for i, statement := range program.Statements {
        if isMacroDefinition(statement) {
            addMacro(statement, env)
            definitions = append(definitions, i)
        }
    }

    for i := len(definitions) - 1; i >= 0; i = i - 1 {
        definitionIndex := definitions[i]
        program.Statements = append(
            program.Statements[:definitionIndex],
```

```
            program.Statements[definitionIndex+1:]...,
        )
    }
}
```

这个函数做了两件事：在 AST 中查找宏定义并将其从 AST 中删除。这需要遍历 program 的 Statements，并在 isMacroDefinition 的帮助下检查每条语句是否含有宏定义。如果是，就跟踪宏定义在 Statements 切片中的位置，以便最后将其删除。

值得注意的是，Monkey 只允许在顶层定义宏，不会在遍历 Statements 时继续检查其中的子节点。这还是因为本书篇幅有限。Monkey 中宏的工作方式并没有这种固有限制。事实上情况恰恰相反，实现能够嵌套的宏定义可能是一个不错的练习，你觉得呢？

此处使用了辅助函数 isMacroDefinition 和 addMacro，它们实现的功能如其名称所示。下面是 isMacroDefinition 的代码：

```
// evaluator/macro_expansion.go

func isMacroDefinition(node ast.Statement) bool {
    letStatement, ok := node.(*ast.LetStatement)
    if !ok {
        return false
    }

    _, ok = letStatement.Value.(*ast.MacroLiteral)
    if !ok {
        return false
    }

    return true
}
```

这里简单地检查了一下，确认目前有一个 *ast.LetStatement，且它将 MacroLiteral 绑定给一个名称。虽然内容不多，但这个函数功能很强大，它定义了什么是有效的宏定义。来看下面的代码：

```
let myMacro = macro(x) { x };
let anotherNameForMyMacro = myMacro;
```

isMacroDefinition 不会将第二条 let 语句识别为有效的宏定义。对宏的有效定义当然是要牢记的。

如果 isMacroDefinition 返回 true，那么就可以将这条 let 语句传递给 addMacro，以便将宏定义添加到环境中：

```
// evaluator/macro_expansion.go

func addMacro(stmt ast.Statement, env *object.Environment) {
    letStatement, _ := stmt.(*ast.LetStatement)
    macroLiteral, _ := letStatement.Value.(*ast.MacroLiteral)

    macro := &object.Macro{
        Parameters: macroLiteral.Parameters,
        Env:        env,
        Body:       macroLiteral.Body,
    }

    env.Set(letStatement.Name.Value, macro)
}
```

结合 isMacroDefinition，前两行中的类型断言就是多余的，因此这里忽略了潜在的错误。这种处理并不漂亮，但仍然是目前组织这两个函数最简单的方法。除此之外，addMacro 所做的是向传入的 *object.Environment 添加新构建的 *object.Macro，并将其绑定到 *ast.LetStatement 中给出的名称。

定义了这 3 个函数后，测试通过了：

```
$ go test ./evaluator
ok      monkey/evaluator        0.009s
```

这意味着现在可以将宏字面量绑定给 Monkey 源代码中的名称，这样就可以在 AST 中找到宏字面量并保存它。很不错吧！

为了完成宏扩展阶段，剩下要做的就是完成实际展开宏的工作。

5.5.4 展开宏

在开始测试之前，先回忆一下：展开宏意味着对宏的调用求值，并将求值结果重新插回 AST 中替换原始的调用表达式。

这是不是让你想起了什么？是的，这与 unquote 的工作方式非常接近，后面你会看到实现代码也非常相似。只不过在 unquote 调用中只有其中的单个参数会被求值，而宏调用需要对宏的主体求值，还要让参数在环境中可用。

下面的测试演示了我们期望在宏扩展阶段发生的事情：

```
// evaluator/macro_expansion_test.go

func TestExpandMacros(t *testing.T) {
```

```
    tests := []struct {
        input    string
        expected string
    }{
        {
            `
            let infixExpression = macro() { quote(1 + 2); };

            infixExpression();
            `,
            `(1 + 2)`,
        },
        {
            `
            let reverse = macro(a, b) { quote(unquote(b) - unquote(a)); };

            reverse(2 + 2, 10 - 5);
            `,
            `(10 - 5) - (2 + 2)`,
        },
    }

    for _, tt := range tests {
        expected := testParseProgram(tt.expected)
        program := testParseProgram(tt.input)

        env := object.NewEnvironment()
        DefineMacros(program, env)
        expanded := ExpandMacros(program, env)

        if expanded.String() != expected.String() {
            t.Errorf("not equal. want=%q, got=%q",
                expected.String(), expanded.String())
        }
    }
}
```

这些测试用例背后的基本思想是：先展开 input 中的宏调用，然后将展开结果与从 expected 源代码中解析获得的 AST 进行比较。为了做到这一点，这里构建了一个新环境 env，并使用 DefineMacros 将 input 中的宏定义保存在 env 中，最后使用马上要编写的函数 ExpandMacros 来展开宏调用。

值得注意的是，两个测试用例中的宏都使用 quote 返回处于已引用状态的 AST 节点。这不是随便选的方式，而是基于现在为宏系统定义的规则：**必须从宏返回 *object.Quote**。如果宏返回的不是位于 object.Quote 中已引用的 AST 节点，则必须将其返回值转换为这样的值。就像之前对 unquote 调用求值时，也需要在最后使用 convertObjectToASTNode 进行转换。这样很麻烦，所以这里直接使用了 quote。而这种方式最终让宏更加强大，因为现在宏不受 convertObjectToASTNode 的能力限制。

第一个测试用例，即定义 infixExpression 宏的测试用例，用来确保宏确实返回未求值的源代码。调用 infixExpression 返回的结果应该是中缀表达式 1 + 2，而不是 3。

第二个测试用例中的 reverse 宏使用了宏系统的更多功能。它有两个参数 a 和 b，返回结果是一个参数顺序颠倒后的中缀表达式。当然，这里值得注意的是其参数不会被求值。2 + 2 不会变成 4，10 − 5 也不会变成 5。相反，reverse 使用 quote 构建了一个新的 AST 节点并使用 unquote 访问其参数，这样就能将参数以未求值的形式放入新的中缀表达式。你可能还没理解为什么需要调用 unquote。很简单，没有 unquote 的话，reverse 宏会直接返回 b - a。

现在既然知道了测试的工作方式及其预期行为，那么运行 go test 时会发生什么呢？

```
$ go test ./evaluator
# monkey/evaluator
evaluator/macro_expansion_test.go:95: undefined: ExpandMacros
FAIL    monkey/evaluator [build failed]
```

虽然失败了，但结果还不错，因为现在只要定义 ExpandMacros 就能让测试通过：

```
// evaluator/macro_expansion.go

func ExpandMacros(program ast.Node, env *object.Environment) ast.Node {
    return ast.Modify(program, func(node ast.Node) ast.Node {
        callExpression, ok := node.(*ast.CallExpression)
        if !ok {
            return node
        }

        macro, ok := isMacroCall(callExpression, env)
        if !ok {
            return node
        }

        args := quoteArgs(callExpression)
        evalEnv := extendMacroEnv(macro, args)

        evaluated := Eval(macro.Body, evalEnv)

        quote, ok := evaluated.(*object.Quote)
        if !ok {
            panic("we only support returning AST-nodes from macros")
        }

        return quote.Node
    })
}
```

```go
func isMacroCall(
    exp *ast.CallExpression,
    env *object.Environment,
) (*object.Macro, bool) {
    identifier, ok := exp.Function.(*ast.Identifier)
    if !ok {
        return nil, false
    }

    obj, ok := env.Get(identifier.Value)
    if !ok {
        return nil, false
    }

    macro, ok := obj.(*object.Macro)
    if !ok {
        return nil, false
    }

    return macro, true
}

func quoteArgs(exp *ast.CallExpression) []*object.Quote {
    args := []*object.Quote{}

    for _, a := range exp.Arguments {
        args = append(args, &object.Quote{Node: a})
    }

    return args
}

func extendMacroEnv(
    macro *object.Macro,
    args []*object.Quote,
) *object.Environment {
    extended := object.NewEnclosedEnvironment(macro.Env)

    for paramIdx, param := range macro.Parameters {
        extended.Set(param.Value, args[paramIdx])
    }

    return extended
}
```

这就是宏的展开方式。这 4 个函数完成了宏扩展阶段。下面来仔细看看。

ExpandMacros 使用可信赖的辅助函数 ast.Modify 以递归的方式遍历表示 program 的 AST, 查找宏调用。如果当前节点是一个涉及宏调用的表达式, 那么下一步就是对这个调用求值。

为此，ExpandMacros 接受了参数并在 quoteArgs 的帮助下将它们转换为*object.Quote。然后，它使用 extendMacroEnv 来扩展宏的环境，并将调用的参数绑定到宏字面量的参数名称中。这与在 Eval 中调用函数时的准备工作相同。

现在参数处于已引用状态，环境也得到了扩展，是时候对宏求值了。为此，ExpandMacros 使用 Eval 来对传入新扩展环境的宏主体求值。最后一点很重要，该函数返回已引用的 AST 节点作为求值结果。因此该函数不是修改节点，而是用求值结果替换了宏调用，也就是说展开了宏。

测试通过：

```
$ go test ./evaluator
ok      monkey/evaluator        0.010s
```

是的，宏扩展阶段已经完成！我们已经正式为 Monkey 语言实现了一个可用的宏系统！是时候庆祝了，也可以将"元程序员"放在我们的简历中了。

虽然现在可以喝点香槟以示庆祝，但按照传统，还必须编写一个名为 unless 的宏。

5.5.5 强大的 unless 宏

unless 宏通常是所有介绍宏的资料中的第一个宏。这么说是因为 unless 易于理解和实现，且可以演示宏系统的工作方式和目的。另外，它还能展示普通函数的局限性以及宏的优越性，让用户能够使用看起来像内置函数，但实际上**只是**宏的结构来扩展编程语言。

不过在实现之前，先来看看 unless 到底是什么，以及它应该完成什么样的工作。来看这段 Monkey 代码：

```
if (10 > 5) {
  puts("yes, 10 is greater than 5")
} else {
  puts("holy monkey, 10 is not greater than 5?!")
}
```

这应该打印出"yes, 10 is greater than 5"。

如果 Monkey 内置了 unless，则可以将上面的代码改写成下面这样：

```
unless (10 > 5) {
  puts("holy monkey, 10 is not greater than 5?!")
} else {
  puts("yes, 10 is greater than 5")
}
```

这更能揭示代码的意图，降低理解难度。unless 是一个好东西。

我们知道向 Monkey 本身添加 unless 意味着什么：添加新的词法单元类型，修改词法分析器，使用新的解析函数扩展语法分析器以便构建新的表示 unless 表达式的 AST 节点，然后向 Eval 函数添加一个新的 case 分支来处理这个新节点。这会引入很多工作。

好消息是，既然 Monkey 中有宏，那么就不必扩展 Monkey 本身。也就是说不必修改词法单元、词法分析器、AST、语法分析器和 Eval，可以将 unless 作为一个宏来实现。

```
unless(10 > 5, puts("nope, not greater"), puts("yep, greater"));
// 输出: "yep, greater"
```

这段代码只会打印"yep, greater"。

是的，这看起来就像一个普通的函数调用。神奇之处在于其工作方式，换句话说，这段代码居然能运行。如果以上代码中的 unless 是一个普通函数，那么代码无法按预期工作，在对 unless 的主体求值之前，puts 的两次调用会先被求值，因此会打印"nope, not greater"和"yep, greater"。这不是我们期望的结果。

但作为一个宏，unless 的工作方式与我们期望的完全一样。将它作为测试用例添加到现有的 ExpandMacros 函数中来核实一下结果：

```go
// evaluator/macro_expansion_test.go
func TestExpandMacros(t *testing.T) {
    tests := []struct {
        input    string
        expected string
    }{
        // [...]
        {
            `
            let unless = macro(condition, consequence, alternative) {
                quote(if (!(unquote(condition))) {
                    unquote(consequence);
                } else {
                    unquote(alternative);
                });
            };

            unless(10 > 5, puts("not greater"), puts("greater"));
            `,
            `if (!(10 > 5)) { puts("not greater") } else { puts("greater") }`,
        },
        // [...]
    }
```

测试用例中定义的 unless 宏使用 quote 构造了 if 条件句的 AST，也添加了表示否定的!前缀运算符，并使用 unquote 将 condition、consequence 和 alternative 这 3 个参数插入到 AST 中。在测试用例末尾，我们调用了这个新定义的宏以确保其生成的 AST 符合我们期望的结果。

现在的问题是：测试通过了吗？这行得通吗？真的能够通过编写用来编写代码的代码，增强 Monkey 吗？使用 macro、quote 和 unquote 真的可行吗？是的，这些都可以！

```
$ go test ./evaluator
ok      monkey/evaluator        0.009s
```

是时候出来展示一下了。

5.6 扩展 REPL

能够在测试用例中使用宏很好，甚至有人会说非常棒。但是，除非可以在 REPL 中使用，否则还是感觉不真实。幸好只要为数不多的几行代码就能在 Monkey 的 REPL 中实现惊人的宏魔法。

下面来添加这个功能吧。

首先要为 REPL 添加一个仅供宏使用的独立环境：

```
// repl/repl.go

func Start(in io.Reader, out io.Writer) {
// [...]
  env := object.NewEnvironment()
  macroEnv := object.NewEnvironment()
// [...]
}
```

Eval 还像以前一样使用现有的 env。但是新的 macroEnv 会传递给 DefineMacros 和 ExpandMacros。

由于 REPL 是逐行工作的，每行都是新的 ast.Program，因此现在要为其完成宏扩展阶段。在 REPL 的主循环中，每当解析完新的一行之后，将 ast.Program 传递给 Eval 之前，可以插入宏扩展阶段：

```
// repl/repl.go

func Start(in io.Reader, out io.Writer) {
    // [...]
```

```
for {
    // [...]
    program := p.ParseProgram()
    // [...]

    evaluator.DefineMacros(program, macroEnv)
    expanded := evaluator.ExpandMacros(program, macroEnv)

    evaluated := evaluator.Eval(expanded, env)

    // [...]
}
```

完美！就这些内容！现在 Monkey 相当于走出了实验室，接触了真实世界。现在可以在 REPL 中使用宏了！

由于 REPL 的工作方式，需要在一行中输入 unless 的定义。但文本太长，无法完全显示，因此这里插入了用\表示的换行符。你可以删除换行符，将 unless 的定义输入为一行：

```
$ go run main.go
Hello mrnugget! This is the Monkey programming language!
Feel free to type in commands
>> let unless = macro(condition, consequence, alternative)\
   { quote(if (!(unquote(condition))) { unquote(consequence); }\
   else { unquote(alternative); }); };
```

输入该定义后，我们就可以放着激昂的音乐，踩着节拍，输入下面的代码。

```
>> unless(10 > 5, puts("not greater"), puts("greater"));
Greater
```

5.7 关于宏的一些畅想

这个宏系统运作良好，能够做一些非常神奇的事情，比如编写用来生成代码的代码。重复一遍，是编写用来生成代码的代码。这也太棒了！我们应该感到自豪。而更好的是当前的实现还没有发挥出最大潜力。这个宏系统还可以更加强大、美观、优雅、用户友好，也就是说仍有改进的余地。

在有待改进的列表中，第一项即错误处理，我称之为"讨厌的东西"。这一项很难做到令人满意，但对于生产环境的系统至关重要。我知道之前提到过这一点，但值得在这里重复一遍。如果我没有再次提醒关于错误处理的问题，那么我就是没有尽到义务。当前的宏系统缺乏对错误处理和调试的支持，这是个大问题。

准确地说，当前的宏系统完全没有错误处理和调试的能力。作为 Monkey 程序员，目前这样快速前进并没有问题，但迟早会遇到问题，比如编写一些**重要**的宏。这时就会发现无法获得有关宏扩展的可靠调试信息。另外目前也无须在意修改后的 AST 节点会携带哪些词法单元，甚至没有触及卫生宏（macro hygiene）这个主题。建议你自己探索和研究这些主题。

既然生成一个健壮且可调试的宏系统非常有挑战性，那么就回避现实，仅畅想一下**可能**的情形。

目前只能将表达式传递给 quote 和 unquote。这样做的一个后果是不能在 quote 调用中使用 return 语句或 let 语句作为参数。语法分析器禁止这么做，因为调用表达式中的参数只能是 ast.Expression 类型。

但如果将 quote 和 unquote 分别使用单独的关键字并生成自己的 AST 节点，就能在对应的调用中使用任意 AST 节点作为参数，扩展语法分析器。也就是可以传入表达式和语句了！如果有单独的 AST 节点，那么是否可以进一步扩展相关语法？

如果可以将块语句传递给 quote/unquote 调用，那么可以做下面这样的事情：

```
quote() {
  let one = 1;
  let two = 2;
  one + two;
}
```

是不是很不错？

现在，如果函数调用的参数不需要括号会怎样？如果标识符可以包含特殊字符会怎样？如果有诸如标识符之类的东西可以解析成自身呢？就像其他语言中的原子或符号一样。如果每个函数都可以接受一个额外的 *ast.BlockStatement 作为参数会怎样？还有很多如果……

这里的关键在于，语法分析器给出的规则决定了什么是有效的 Monkey 语法，同时也在很大程度上影响了宏的表现力和能力。修改这些规则就同时改变了宏的功能。这其中必然有很多可以尝试的修改。你可以看看 Elixir 或某种 Lisp 方言，从中寻找灵感，看看语法如何赋予宏系统能力，以及这反过来又如何使语言本身更强大、更具表现力。

另一个对宏系统的功能有重大影响的是其访问、修改和构建 AST 节点的能力。来看一个例子，假设有 left 和 right 两个内置函数，它们分别返回 AST 节点的左右子节点。那么就能做下面这样的事情：

```
let plusToMinus = macro(infixExpression) {
  quote(unquote(left(infixExpression)) - unquote(right(infixExpression)))
}
```

这样就能编写一些非常有趣的宏。

如果有更多这样的函数会怎样？比如有一个 operator 函数，用来返回中缀表达式的运算符；或者一个 arguments 函数，用来在调用表达式中返回参数节点数组；或者一个通用的 children 函数；抑或是可以用于处理 AST 节点的内置函数 len、first 和 last。

现在来看一个最终的畅想：如果 AST 是使用与该语言的其余部分相同的数据结构来构建的，会怎样？想象一下，Monkey 的 AST 完全由 object.Array、object.Hash、object.String、object.Integer 等构建而成，那么我们能在此基础上做些什么，且整个体验将是怎样的。很令人振奋吧？如果你想体验一下，可以去看看 Clojure、Racket 或 Guile 等 Lisp 方言，或者像 Elixir 和 Julia 这样具有强大宏系统的非 Lisp 语言。

从这些分析中可以看到，在编写能够编写代码的代码方面，还有很多可供发挥的空间。

编译器和语言开发是门槛较高的领域。我作为从业者，经常遇到培养新人却无法很快上手的问题。这套书很好地解决了此问题，在降低门槛的同时，又不损失丰富性，全面展示了开发编译器和程序设计语言的要素，因此我向所有对此有兴趣的读者推荐这套书。

—— **史斌（benshi001）**
Go 语言全球排名前 50 的贡献者

几年前看 SICP 的时候，我学习过如何写解释器。在书本上学习编译原理的过程是很枯燥的。这套书让我们可以一边学习理论，一边实践。我们能够看到，如何通过亲手实现解释器和编译器来摆脱学习理论的枯燥过程。

—— **左书祺（@Draven）**
云原生工程师、Kubernetes 项目成员
《Go 语言设计与实现》作者

如果你熟悉解释性语言，同时是 Go 语言爱好者，那么这套书就是为你编写的。使用 Go 语言从零实现一个解释器/编译器，不仅让你明白它们是如何工作的，而且你对 Go 语言也会有更深的理解。如果能够跟着书中内容实际动手实现一个解释器/编译器，那么你的技术一定会有很大的飞跃。

—— **徐新华**
Go 语言中文网站长、公众号"polarisxu"主理人

程序员的三大浪漫之一就是自制编程语言。得益于 Go 自身语法的简洁性和在工程方面的平衡性，这套书通过简明直接的代码，一步步地向读者揭示自制一门编程语言并不是高不可攀的事情。对于想自制编程语言又不想啃编译原理的读者，我推荐这套书。

—— **蒙卓（mengzhuo）**
Go 项目成员

这是一套很好的书，我曾在学习 Go 语言的时候有幸拜读过。现在，它终于有中译本了。自制解释器和编译器，一听就知道是很酷的事情。这套书的成功之处在于，它并非高屋建瓴，而是从零开始带着我们完成解释器和编译器的搭建，实战性很强。

—— **启舰**
2017 年度 CSDN 博客之星
前阿里巴巴研发工程师、"启舰杂谈"主理人

在软件设计中，开发人员经常需要开发一些高度抽象的定制模块。这些模块很可能涉及领域特定语言（DSL）的设计和解析。如果你很熟悉编译器的各个模块和运行原理，就可以很轻松地设计出适配自己项目的 DSL。市面上关于编译器的书有很多，这些著作往往大而全，但是不易理解。这套书的作者对内容设计得非常精巧，通过从 0 到 1 创造一门编程语言来带领读者了解解释器和编译器的核心原理。我相信，它能给 DSL 设计者带来帮助。

—— **李正兴**
腾讯高级工程师

图灵社区：iTuring.cn
分类建议：计算机 / 程序设计
人民邮电出版社网址：www.ptpress.com.cn

扫码领取
随书代码资料

ISBN 978-7-115-58828-9

定价：99.80 元